天津市哲学社会科学规划资助项目“创业过程视角下的科技金融服务体系构建对策（TJGLQN17-013）研究成果

学术创业过程相关理论及其生态系统研究

段 琪◎著

中国铁道出版社有限公司
CHINA RAILWAY PUBLISHING HOUSE CO., LTD.

图书在版编目（CIP）数据

学术创业过程相关理论及其生态系统研究 / 段琪著 . — 北京：中国铁道出版社有限公司，2022.9

ISBN 978-7-113-29560-8

Ⅰ. ①学… Ⅱ. ①段… Ⅲ. ①学术研究 Ⅳ. ① G30

中国版本图书馆 CIP 数据核字（2022）第 148060 号

书　　名：学术创业过程相关理论及其生态系统研究
XUESHU CHUANGYE GUOCHENG XIANGGUAN LILUN JIQI SHENGTAI XITONG YANJIU

作　　者：段　琪

责任编辑：奚　源　　**编辑部电话：**（010）51873005　　**电子邮箱：**zzmhj1030@163.com

封面设计：刘　莎

责任校对：焦桂荣

责任印制：赵星辰

出版发行：中国铁道出版社有限公司（100054，北京市西城区右安门西街 8 号）

网　　址：http：//www.tdpress.com

印　　刷：北京建宏印刷有限公司

版　　次：2022 年 9 月第 1 版　2022 年 9 月第 1 次印刷

开　　本：710 mm × 1 000 mm 1/16　**印张：**10.75　**字数：**171 千

书　　号：ISBN 978-7-113-29560-8

定　　价：59.00 元

前言

学术创业是创新与发展的关键力量，随着新一轮产业变革的兴起，将科技成果转化为现实生产力的需求更加迫切。我国的高校及科研院所积累了大量的科技创新成果，但很多成果资源处于尚未被开发的状态，如同一座富矿正等待着有识之士的开采。

本书聚焦于学术创业群体，通过走访调研学术创业的实战案例，分析归纳学术创业存在的典型问题。运用扎根理论的分析工具，构建了学术创业生态系统、学术创业过程、学术创业行为地图三个理论模型，以及归纳了以院地合作为例的学术创业模式。

近年来，关于科研人员创业的政策体系日趋完善，学术创业实践也随之增多，科技金融工具创新和使用更加灵活，如何能够更好地协同这些资源，促进学术创业长足发展、提升创业效率、发挥更大的辐射作用，也成为学术界关注的热点问题。因此，本研究构建了学术创业生态系统理论框架，提出学术创业生态系统的本质是主观（创业主体）与客观（创业环境）的统一。在学术创业过程中，必须系统考虑创业环境、创业主体以及创业要素的交互关系，政府、学校应当根据高校学术创业生态系统的特征，有针对性地制定相关措施，营造良好的学术创业氛围，促进创业生态要素之间的有机互动。

同时，研究基于学术创业的独特性，构建了学术创业的过程理论模型。其中，提炼出了学术创业的内在规律，即需要从基础研究、应用研究、产品研究和商品研究四个阶段依次过渡。总结出学者具有独特的禀赋资源，如何发挥和利用好这些优势，对于提高创业成功率具有重要意义。

另外，借鉴行为地图相关理论，描绘出了适合于我国国情的学术创业行为地图模式，包括创业起点、寻找技术应用场景、巩固技术应用场景、成熟运作四个关键“路标”。创业能够走到哪个路标以及如何走到这些路标受到内外部因素的交互影响。

我国的学术创业实践还处在快速发展当中，学者的创业意识和创业能力也在实践当中逐步增强，相关的政策体系、配套的科技金融手段、产业环境等方面的力量也都在不断演化，如何形成强有力的协同体系是迫切需要解决的问题。因此，基于整体的理论框架，研究从学者的个体层面、高校层面、社会层面和政府层面分别提出了针对性的对策建议，以期为学术创业者和相关部门提供理论参考，具有一定的现实意义和应用价值。

段　琪

2022年7月20日

目 录

◎第一部分

绪　　论

1

学术创业的内在价值与现实困境

学术创业（Academic Entrepreneurship）是识别高潜力和技术密集的创业机会，整合人力和资金等资源，采取原则性和实时性决策技巧，管理企业实现快速增长的一种商业行为，也可以看作在创业型环境制度背景下，学者和学术组织突破资源束缚，识别并利用机会，以实现个体和组织成长的过程。

随着建设创新型国家战略的实施以及创新创业、众创空间的热潮，我国许多大学认识到学术创业活动是完成传统人才培养和科学研究使命之外的必然要求。学术创业能够促进经济发展，将大学的科技成果进行转化，为大学带来收益等。学术创业已经被国内外众多学者称为现代大学的第三使命，这也是国家在创新发展过程中，大学基础研究向工业技术扩展的必然路径。学术创业体现了研究型大学的第三职能——促进成果转化，培育发展新动能。

1.1　学术创业的内在价值

1.1.1　世界范围的验证：学术创业是创新与发展的关键力量

随着新一轮技术变革和产业变革的兴起，经济发展与增长对于新知识和创新的依赖程度越来越高。高校的研究成果被视为开发新产品、新工艺以及培育新兴产业的关键要素，学术创业就是将新科学知识广泛运用到市场的一个重要的直接渠道。

毫无疑问，我们正在经历一场全球范围的创业革命，其影响不亚于20世纪的工业革命。创业者通过颠覆性创新、新市场开拓，创造就业机会、提高生产效率以及打造新兴产业，持续不断地为经济增长作出不可估量的贡献。我们正处于一个全球创新创业的时代，创业公司能给行业带来新的知识和实践，尤其对一个国家经济活力的刺激、就业率的贡献具有举足轻重的作用。

随着技术经济的发展，人们越来越清醒地认识到，仅对公共科学和基础研究进行投资，并不能直接促进经济繁荣。新的知识、技术必须转化到实际生产当中，才能促进创新发展。知名投资人、计算机科学家吴军指出：科学和技术是两个词，是两个环节。简单来说，科学是把资金投入转变为科研成果产出的过程，而技术是把科研成果转化为现实生产力的过程。科学的一侧需要投入大量财力、物力、人力和时间，产出的是科学的新知。技术的一侧，则是要作为桥梁把科学原理和改变世界的产品联系起来。如果学者掌握了某项科学或技术，再将其转化为现实的生产力，提高企业的核心竞争力，为企业带来利润回报，这个过程就是科技创业过程，即本研究所指的学术创业。

学术创业在带动国家产业聚集、经济发展方面具有重要作用，如20世纪90年代，以斯坦福大学为核心的硅谷带动了美国信息技术产业的发展；近年来，以麻省理工学院为代表的学术创业力量催生了波士顿等地区的生物医药、机器人产业革命；只有800万人口的以色列，平均2 000人中就有1人进行科技创业，通过大量的科技创新，跻身成为世界经济和科技强国。

1.1.2 中国价值：新时代背景下的创新需求

在高新技术主导的全球经济形势下，学术创业逐渐成为全球经济发展的新动力，在我国同样如此。全球科技创新产业专家王煜全认为，科技创新才是发展出路，持续产生经济增长动力的根源是科技创新。

学术创业企业的成功与否关系国家高新技术产业化进程和战略性新兴产业的培育，在推动技术创新、提升产业竞争力、带动区域经济增长等方面发挥了巨大的作用。学术创业企业是中小企业中最具活力和发展前景的企业，已经成为我国经济增长和科技进步的重要支撑之一。

学术创业作为科技成果商业化的重要途径，是连接技术发明、技术创新与新产品或新服务的桥梁，与我国经济转型、产业升级、战略性新兴产业发展、创新型国家建设等重大现实问题密切相关。

我国的经济总量已经位列世界第二，尽管数字经济已扮演了重要角色，但在相当长的一段时间内，主要是依靠大量的资源消耗、中低端产业的发展。在当前的经济形势下，必须依靠更多的科技创新来驱动经济新一轮的发展。据统计，我国的科技进步对经济贡献占比为50%多，而一些发达国家这一数字在80%以上。高校和科研院所的科研人员是国家创新发展的宝贵战略资源，他们掌握的高科技资源是真正的科技高地和值得开采的富矿。

尤其是2020年全球突发新冠肺炎疫情，对创新和产业化提出了新的紧迫要求。新形势下，党的十九届五中全会提出"加快构建以国内大循环为主体、国内国际双循环相互促进的新发展格局"，并强调"把科技自立自强作为国家发展的战略支撑"，对产学研合作，尤其是高校知识溢出与成果产业化，提出了更迫切的要求。基于科学的创新和基础研究，唯有与高校学术创业相结合，才能真正为构建新发展格局提供持续的原创性知识，从而支撑引领中国经济的高质量发展。

1.1.3 教育价值：学术创业是连接科研与产业的重要桥梁

学术创业的出现，表示高校及科研院所从传统的教学研究型组织向创新创业型组织转型，这不仅是高校拥抱新兴制度逻辑，承担服务经济发展的第三使命的过程，更是对创新经济学和新增长理论的应用和拓展。大学正在通过战略创新和变革，改变传统的知识创造模式及其与外部社会环境的互动模式，积极融入国家创新体系，加速新知识创造、扩散和应用，从而推动区域、产业和国家经济内生增长。

习近平总书记关于教育的重要论述深刻回答了"为谁培养人、培养什么人、怎样培养人"这个根本性问题。在高等教育层面，我们需要深入学习贯彻习近平总书记的重要论述。

王煜全教授解读了2022年1月美国国家科学基金会（NSF）的决策机构国家科学委员会（NSB）发布的《2022科学与工程指标》，其中提到美国的高等教育严重依赖海外人才，在科学和工程领域的科学家中，有超过一半都是来自亚洲，其中，印度占22%，中国占到了11%；STEM（也就是科学、技术、工程和数学四大领域）的高等劳动力，美国一共有3 600万人，其中非西欧裔群体占到了1/5。所以，NSF建议为了防止这些高级人才流失，应该给他们提供更多上升机会以维持劳动力数量。

美国在IT服务业严重依赖印度，印度有200万人为美国提供IT服务，大约30万有签证的印度人在美国的IT行业里。有学者研究过，在美国最重要的创新人才中，来自印度的移民比例最高，达到了7.5%。

这从侧面反映出了两个根本命题：一是国家的发展需要高级人才；二是国家需要留住人才并且能够让人才发挥优势。学术创业的机会和氛围是回答这两个根本命题的一个重要突破口。王煜全教授指出，全球科技创新是个大的生态系统，有高校的科研，也有企业的研发，如果单纯注重加强作为创新源头的基础研究，则可能陷入误区。

我们可以看到，美国其实是产业实力先发展，科研实力才变强的。比如，1930年以前，美国只有5个诺贝尔奖，但是在接下来的半个世纪里，美国的诺奖获奖率从未低于49%，在1990年更是达到了72%。当时，雷达、青霉素等前沿技术从英国传过来，美国凭借强大的制造能力，建立全国性的生产体系，把实验室研究成果和大规模生产结合在一起，实现了科技的大规模生产和运用。

正如吴军所言，科学、技术是两个环节，而连接这两个环节的是科创。有一个专门的词形容这个过程，叫作翻译，通俗来说，即把科学翻译成技术，再把技术翻译成生产力和资金，用生产力和资金发展科学，再到技术和科创，以形成闭环。但是，这个闭环完成的时间，至少需要半个世纪，指望一个人走完整个闭环是不切实际的。

因此，如果有良好的学术创业氛围，能够在高等教育的环境中，将科研成果转化出来，让学者及其团队持续地在这种系统中累积、沉淀，形成闭环，是最好的方法。

另外，在分析管理研究领域的局限与机遇、中国文化的传统与优势之后，陈明哲教授提醒："今天，学术创业对管理学者，尤其是中国管理学者，有重大的意义。"陈明哲教授定义的学术创业，与时下中国流行的大众创业、万众创新不同，也不是很多人曾研究的学术组织如何参与商业相关活动。虽然学术创业包括科研成果的商业化，但是陈明哲教授更强调的是，如何在学术研究中创造出一个崭新的"业"或研究领域，即"从既有的领域中区隔出一个独立的课题，然后进行深入的发展与延伸"。

根据国家提出的建设世界一流大学的要求，要"推动一批高水平大学和学科进入世界一流行列或前列，提升我国高等教育综合实力和国际竞争力，培养一流人才，产出一流成果"。通过引导高校科研人员理性创业，将科技成果成功有效地转化出来，是我国高校建设世界一流大学的重要路径之一。

因此，探索如何提高高校及科研院所科技成果的转化效率，提升技术创业的成功率，从而带动区域经济发展是当前形势下的重要课题之一。

1.1.4 个人价值：学术创业是个体自我实现的一条路径

创业，归根结底是要解决人们的痛点问题，创业越成功，意味着解决的问题越大，创业的价值越大。从某种意义上说，创业者是在帮助别人解决问题的过程中获得成就感，随着创业的进展，自我价值被不断认可。

从职业发展的相关理论看，职业过程可以划分为生存期、发展期和事业期。生存期主要是经济收益导向，通过能力提升获得财务独立；发展期主要是能力和资源储备，通过核心竞争力的积累获得更大的发展；事业期主要是如何最大限度实现自我价值，通过自我发展贡献社会价值和个人意义。

当个体在事业期获得了一定的积累之后，可以通过创业活动来进一步寻找和实现自己的使命，创造更大的社会价值。从某个角度上说，孔子就像是2 500多年前的创业者，他从鲁国起家，有一套独特的理念，并且还有一系列治国的计划。为了实现自己的理想，他各国游走、宣讲，不断募资、获取资源，希望能够把他的理想变成现实去改变世界。

当今时代，掌握前沿科技的企业家能产生先进的生产力。依托科研院所坚实的研发能力，再加上敏锐市场潜力感知能力，将迸发出强大的力量。我国的科技投入越来越大，需要这样一批具有将科技转化为产业的学术企业家，推动我国的科技创新和科技升级。越来越多有志之士，想要承担起这样的使命。

1.2 学术创业存在的困境

1.2.1 创业本身：来自内外环境的挑战

1.外部环境正在发生变化

在当前的经济环境下，创业公司背负的风险和压力较大。比如，一些健身房倒闭，例如，号称“颠覆健身商业模式”的健身会员平台ClassPass，在10天内就损失了95%的收入，从创业明星一下子变得危在旦夕。在竞争和市场的冲击下，更多公司的命运发生了180度大转弯，甚至彻底消失——未来会怎么样？目前还没人能给出确定答案[①]。

2.科技创业企业的高风险特性

科技创业是在高水平技术基础上进行创业的过程，具有高科技含量、高成长潜力的特性，对新的创业机会有较强的警觉性，但同时由于技术效果、技术寿命、客户需求与市场接受时间的不确定性、创业基础的薄弱性等特点也使其具有高风险，并且普遍表现为缺乏市场资源和社会网络，产品与服务缺乏商业信誉。学术创业以科技创业为主，因此，天然带有科技创业高回报与高风险并存的特性，创业失败率高。

3.竞争日趋激烈

人、财、物始终是创业公司要解决的三个核心问题，对任何创业公司来说，都要面对融资难、运营难、增长难等各种问题。尤其当一个新市场被发掘出来之后，其他创业公司、老牌企业、行业巨头往往会马上跟进，迅速把“蓝海”变成“红海”，这也使得创业公司面临的竞争越来越激烈。

4.学术创业的制度建设还在探索当中

我国高校科技成果丰富，但是转化率却不算高。2016年，清华大学的科研成果转化创造了将近一亿美元的收入，这与斯坦福大学差不多，麻省理工学院只有清华的一半。但是，跟市场倒逼技术进步的强大力量相比，科技转化成市场的力量还太弱小了，只能算涓涓细流。据统计，在现实科技创新中，我国高新科技成果的实际转化率仅10%，低于一些国家40%的水平。我国的学术创业起步比较晚，政策、体制还在持续探索当中。例如，科技创新评价体系、科技成果转化平台的建设、科技成果转化制度都在随着国家经济、社会水平的发展不断调整。汪怿认为，当前创业意识弱、创业意愿低、创业能力缺、创业资源不足和政策、公共服务缺位是阻碍学术创业发展的主要瓶颈。

1.2.2 创业主体困境：科学家向企业家角色转换的鸿沟

从根源上来看，高新技术企业的创始人主要是由高校科研人员转变而

---

① 见威廉·科尔所著。

来，他们成为技术创业企业的所有者和经营者。学术创业并非易事，这中间涉及非常多的环节，最大的鸿沟就是科学家与企业家在思维方式上的差异。科学家做的是基础科学的创新，而企业家则要面向市场和用户。在现实当中，科学家成为成功企业家的相对较少，因为，科学家思维与做商品的思维是两个方向。相比之下，工程师在做应用产品时的能力则会强很多，但普通的工程师也很难做到一办企业就大获成功。就像《生活大爆炸》当中，谢尔顿、莱纳德、拉吉都是科学家，而霍华德是工程师。谢尔顿总是看不起霍华德，但是霍华德却能多次做出好玩、实用的装置，后来还与谢尔顿和莱纳德合作开发产品。这其实就是工程师设计产品原型的基础能力。

科学家与企业家的思维方式存在差异，科学家面向的是科技前沿，而企业家面向的是市场和用户。科学家在实验室中形成的实验室惯例是聚焦于科学问题，因此会排除非核心问题的干扰。但是，在面向市场的时候，如果坚守实验室惯例就会让很多有利于产品化或服务化的重要研发信息被过滤掉。吴军甚至指出，一个人同时拥有两种身份几乎是不太可能的事情。

李开复认为，做好科创的关键能力是做好产品经理的能力，并且这种产品经理并非传统意义上的产品经理，而是要身兼工程师、传统产品经理、技术销售等多重角色。比如拼多多创始人黄峥、快手创始人宿华、小米的联合创始人都具备这种复合能力。对照来看，很多科创企业的创始人只有技术，其他角色身份经历都是缺失的。

田轩教授曾列举过一组数据：1995年，我国每年申请的专利只有两三百件，但是近年来，我国专利的申请量出现了指数级增长，并且在 2015 年首次超过美国，成为全世界最大的专利申请国。截至2021年年底，我们专利的有效量达到359.7万件。然而，专利的数量并不能真正代表一个国家的创新水平，尤其很多专利是为了完成课题而申请的，可能并不具有真正的创新价值。

这些专利很多都是外观设计专利和实用新型专利，而真正高质量的发明新型专利不到20%。还有很多的专利，纯粹是为了创新而创新。其中有些成果确实属于科研成果，但是这样的成果并不能用来商业化。

综上，我们可以清晰看到，学术创业对于国家创新发展、提升科技竞争力、促进经济发展、推动大学转型发展以及学者个人人生价值的实现，都是非常重要且迫切的途径。但是，学术创业过程中普遍存在的达尔文海、创业失败率高以及大量创新资源得不到合理利用等现状，也清晰地展示出学术创业是一个艰辛的过程。

因此，围绕学术创业的核心命题，基于扎实的案例研究，构建基于中国国情的学术创业理论，讲好中国故事。本研究主要有两个部分实证工作：一是构建学术创业的相关理论，包括创业生态系统模型、学术创业过程理论、基于院地合作的学术创业模型、学术创业行为地图理论四个理论框架，并基于理论框架对当前的学术创业生态环境进行分析；二是进行案例研究，将深度跟踪的学术创业企业的过程讲述出来，揭示学术创业存在的典型问题。从而，基于实证研究结论，提出有针对性的对策建议，以期为地方政府、高校的学术创业政策提供理论依据，同时为学术创业者提供决策参考，提高创业成功率。

2 关键概念的研究综述

2.1 学术创业

2.1.1 学术创业的内涵

1.学术创业研究的涌现

高校及科研院所科研人员创业在有关研究中被称为学术创业（Academic Entrepreneurship），并且已经逐渐成为研究热点。学术创业是一个动态的创业系统，是在创业型环境制度背景下，学者和学术组织突破资源束缚、识别并利用机会，以实现个体和组织成长的过程。

学者通过可视化分析软件Citespace发现，学术创业在1997年就引起了业内关注，但是并没有引起什么波澜。有关学术创业的论文在2010年达到50篇左右，大部分研究成果是在2015年以后出现的，呈现爆发式增长的态势。吴军曾提到，科学向技术发展、技术向科创发展、科创再回过去支持科学发展，这个闭环过程需要的时间很长，起码半个世纪。从1980年，《拜杜法案》的提出，活跃了大批美国衍生企业，硅谷也在斯坦福大学周围诞生，到现在已经42年了。硅谷成为科技创新的聚集地，同时也涌现出很多科技巨头企业和具有创新活力的小企业。这在一定程度上验证了《拜杜法案》的功效，也让学术界能够有理有据地探讨相关因素。

国内关于学术创业的研究也在2015年以后有了一定的发展，与创新创业热的时间吻合。但是中文文献的数量也仅在百位数以下的量级，与英文文献几千篇的量级存在差距。不过，近几年国内关于学术创业的研究明显增多，表明学术创业的研究价值得到了更多学者的关注。

2.科技创业与学术创业的概念交叠

近年来，科技创业（Technological Entrepreneurship，TE）的研究也十分突出。斯皮格尔等人将科技创业定义为创造、构建和利用机会，并围绕技术解决方案整合资源。科技创业、技术创业、高科技初创企业本质上都是指科技创业。在科技创业的研究上，生物遗传学、工业4.0、智能城市以及制造、工程、交通和能源、卫生服务等领域都受到学者的关注。此外，科技创业领域也出现了一些新的研究趋势，如数字创业（Digital Entrepreneurship）等。

科技创业更关心的是有形的应用，例如生物技术、高科技、智能产业等。此外，科技创业通常是科学技术和知识合作实验的结果，涉及一整个生态系统，比如大学、衍生企业、孵化器、投资者和机构参与者。

从严格意义上来说，学术创业与科技创业存在着交叉，学术创业可以是任何知识成果的商业化应用，而不一定是科技领域的。比如，有研究者基于大学的学术实验室进行了分析，结果发现，各种形式的艺术和设计（包括诗歌、摄影、艺术装置、运动图形视频、数据可视）在连接学术实验室和外部利益相关者以及激活价值驱动因素方面发挥着重要的作用。

研究者基于元宇宙场景（meta）实验室发现，通过与外部利益相关者建立联系，能够共同创造各种形式的价值。比如，基于复杂机构的科学论文，政府代表或非政府代表可能无法完全理解，所以需要一份详细的商业计划书，但是并非所有学者都有能力彻底了解融资策略的细节，这时，艺术和设计可以作为激活翻译过程的手段，使利益相关者保持一致，并帮助他们更好地合作。结合艺术和设计，可以将摄影、诗歌、录像艺术、音乐和装置融入创业当中，这些艺术作品具有情感和认知的影响，让不同的利益相关者接触复杂的、沉浸式审美体验，以及不同的看世界的方式。

如图2-1所示，学术创业与科技创业是交叉的关系。学术创业中以人文社会科学、艺术创业为主体的创业不属于科技创业；科技创业中不属于高校及科研院所科研人员职务发明的创业不属于学术创业。

本研究的研究主体是学术创业与科技创业相交叠的部分，即科技学术创业，因此，本研究所有的研究对象都是高校及科研院所中所衍生的科技创业项目或企业。

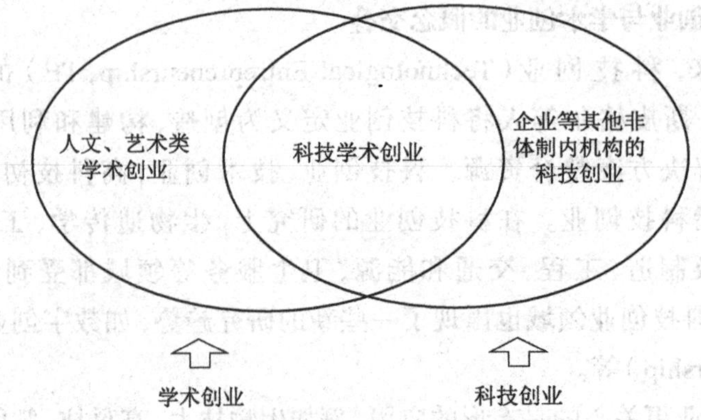

图2-1 学术创业与科技创业的交叠关系示意图

3.学术创业的内涵

Etzkowitz（埃茨科威兹）最先提出了创业型大学（entrepreneurial university）的概念，即大学将知识成果孵化为商业化应用从而带来经济收益的行为。学术创业正是在这一概念基础上的演化，是一个概括性术语，核心就是科研人员将部分学术成果转化为商业化应用，从而为大学带来收益。根据学者近年来对于学术创业的研究脉络，本研究将不同学者对于学术创业内涵的阐释整理见表2-1。

表2-1 不同学者关于学术创业的内涵阐释

发表时间（年）	作　者	主要内涵
1983	Etzkowitz（埃茨科威兹）	在学术部门工作的研究人员利用其创造的研究成果成立新公司的行为
1987	Doutriaux（杜特里奥）	大学教授、研究人员或学生创办新企业
1989	Louis（刘易斯）	为了增加个人或组织的收入、影响力或声誉，将研究想法或科研成果进行商业化开发、利用，如参与合作研发项目，为科研项目获取额外收入以及业界支持、申请专利，持有企业股份等
2000	Klofsten（克洛弗森）	大学内科研人员参与的所有除常规基础研究和教学之外的商业活动
2003	Jacob（雅各布）	大学支持下学者基于他们创造的知识进行的各种商业活动，包括定制课程、顾问服务、申请专利、转让或许可专利、创办企业等，又可叫大学创业(University Entrepreneurship)

续表

发表时间（年）	作　者	主要内涵
2004	O'Shea 等（奥谢）	大学及其行业合作伙伴所进行的所有活动，其目的是通过创建新企业，将学院研究成果商业化
2004	Shane（谢恩）	为利用学术机构产生的知识成果而开展技术许可和创办基于高校知识的新企业
2005	Powers（鲍尔斯）和McDougall（麦独孤）	围绕大学开发的技术成立新公司，或向小型私人公司颁发许可证的商业化行为
2006	Giancarlo Provas	科研人员更为宏观的学术生涯战略管理过程，将个人的学术成果创建出新的领域或机构，同时可能伴随商业化行为的过程
2009	Jain（杰恩）等	具有潜在商业利益的技术或知识转让
2013	Abreu（迪利普·阿布鲁）和Grinevich（瓦莱丽·格里涅维奇）	大学或科研人员通过提供咨询、专利转让等商业化方式来提高个人或机构的利润、影响或声望的行为
2013	Maria（玛丽亚）	只要能够带来经济回报，不论是商业行为还是非商业行为都属于学术创业的范畴
2013	Ray（瑞雅）	高校利用科研成果商业化的全过程，将知识转化为产品并为经济增长作出贡献，包括校企合作研究、咨询服务、职业培训等保护和利用基础研究成果的形式，也包括更常见的与专利相关的正式契约活动
2015	Siegel（席格）	不仅包括专利申请、许可、科技园和技术转移、办公室建设等商业化活动，更包括组织层面和制度层面面向知识创造与应用的变革与创新
2020	陈明哲	如何在学术研究中创造出一个崭新的"业"或研究领域，即从既有的领域中区隔出一个独立的课题，然后进行深入的发展与延伸
2022	尹西明等	高校科研院所在组织和制度变革过程中，通过各种正式和非正式渠道，将研究人员创造的新知识商业化，实现知识溢出和科技创新成果产业化和价值转化获利的过程

综合学者们的观点来看，学术创业的内涵是学术成果商业化，但是不同阶段的侧重点不同。早期的研究，重点关注学者创办新企业的活动，启动了对于学者创业动机、创业表现等方面的研究。不过，由于我们的学术创业起步较晚，所以在个体层面的研究上还不够充分。

随着学术创业活动的持续推进，学者们认识到学术创业不仅仅是个体行为，其背后的推力是大学使命转型、科研管理制度变革以及跨越组织边界与外部社会环境互动，所驱动的组织化科技成果转化过程。学术创业是伴随大学转型的科研创新成果商业化的各种活动或过程，旨在促进学术知识的转移转化，承担大学服务社会经济发展的第三使命，准确描述应该是高校学术创业。

综上所述，学术创业从狭义角度理解，就是指高校及科研院所的科研人员（教师、研究员、博士研究生等）将自身的研究成果通过创业企业的形式进行商业化的过程；从广义角度上理解，就是高校科研院所在组织和制度变革过程中，通过各种正式和非正式渠道，将研究人员创造的新知识商业化，实现知识溢出和科技创新成果产业化和价值转化获利的过程。

在逐渐清晰的学术创业内涵中，展示出学术成果商业化的多种形式，包括开展创业教育、知识转移、与产业组织进行研究合作共建实验室、发放专利许可证或专利参与、建立孵化器或科技园、直接创办企业等。

尹西明等人将其归纳为正式活动和非正式活动两种形式，本研究认同这种分类方式，并且进一步解释各种活动形式的内涵，具体见表2-2：

表2-2 学术创业活动的多种形式

正式活动	非正式活动
许可、转让	开展创业教育、临时建议等
知识转移	与科研人员构建关系网络
基于正式契约的合同研究、咨询以及大学和行业的战略合作	工作人员交流和学生联合培养
鼓励学者创办大学衍生企业	
建立孵化器或科技园	

（1）许可、转让。大学向商业企业颁发许可证，允许其使用大学所拥有的某项技术，专利参与的衡量标准是高校是否申请专利或获得专利，或是否进行专利转让或授权。国外相关经验表明，专利许可转让是科技成果转化的主要途径，关系着经济增长。然而，根据《中国科技统计年鉴》数据显示，2009—2019年，我国高校和科研院所的专利权转让许可率均在1%~14%的范围内波动，远远落后于发达国家40%~50%的转化率。有研究发现，我国高校有效发明专利和企业专利转让及许可之间的匹配度还存在较大提升空间。

（2）知识转移是指为企业提供专业的技术咨询服务。这种创业形式收益不大，耗费的人力、物力、财力也相对较小。

（3）基于正式契约的合同研究和咨询，以及大学和行业的战略合作。这种方式在国内经常以横向课题的形式出现，这也是当前国内最多的一种成果转化方式，是通过合作，具体解决工艺上、流程上某一点的问题。

（4）鼓励学者创办大学衍生企业。这种方式最初有被质疑使用大学公共资源来满足公司商业化发展，但是随着《中华人民共和国促进科技成果转化法》的逐步完善，这方面的质疑也在逐渐减少。不过，直接创业企业的成功率通常都不高，其中比较容易出现的问题是科学家思维与企业家思维的冲突。科学家思维更倾向于前沿技术，而企业家思维则需要关注市场需求。何帆在《2019—2020年中国经济报告》中提到一组数据，中国科学院目前直接参股的公司有700多家，但这里面有很多企业，创立20多年了，原来多少人，现在还是多少人，并没有增长。

科学家在做商品方面与企业家存在天然的差别，企业家会根据市场的需求来倒逼技术的进步。另外，创业过程需要充分考虑资本、运营、管理、市场等方面的因素，并且在实际的发展过程中，还要考虑人情、关系等复杂变量，这种社会复杂性与科学复杂性是截然不同的，对于转型当中的科学家而言是一种全新的挑战。

近年来，精益创业的思维特别流行，就是用最小的成本和最快的速度去试错。创业公司比不了成熟的公司，没有充足的资金、资源、人力，经不起致命犯错，最好的方式就是小心试错，然后通过快速迭代产品低版本，慢慢完善产品、赢得用户。这种方式在国外非常流行，一些学术创业企业尝试将产品卖出去，获得市场认可之后，再把小企业卖给大的企业，这种方式，我国的学术创业者也在起步。

（5）建立孵化器或科技园。孵化器作为促进科技成果转化，培养高新技术企业的科技服务载体，能为创新项目和初创企业提供办公设施、创业指导、技术支持和投融资服务。

2.1.2　学术创业的多元研究视角

1.制度视角

20世纪中期开始了大学的第二次革命，学术创业逐渐从学者的个体行为上升为高等教育的一种新兴组织制度逻辑。在当前的研究中，对于美国学术创业的制度研究比较多，尤其是对于《拜杜法案》的探讨。《拜杜法案》的出台，带来了技术转让和大学衍生企业等学术创业活动的巨大增长。1980年以前，美国联邦政府拥有2.8万项技术专利，其中只有不到5%的专利授权出去，进行商业开发。《拜杜法案》颁布后，专利许可量成倍地增长，1991年达到1 229件，2003年就上升到4 516件，专利许可总量也达到2.6万件。

另外，《拜杜法案》确立了高校对技术专利的所有权。专利的所有权属于高校，高校可以向企业授予专利的独家商业权益。当产品上市后，企业按照销售业绩给高校分成，一般是1%~2%，不超过3%。由于专利的所有权和商业开发权是分开的，专利转让出去以后，所有权仍然归高校所有，教授可以继续做研究，而企业获得技术专利的成本也一下子降低了。

另外，《拜杜法案》也确立了大学技术转移办公室的重要地位。美国的大学技术转移办公室从1980年《拜杜法案》提出时的只有25家，到现在已经基本遍布美国大学。对比之下，我国的学术创业起步较晚，制度环境存在一定的差异，比如高校技术许可办公室的设置远不及美国那样普遍，而且专业水平与服务能力也有待提升。不过，在美国运作几十年的技术许可办公室亦有55%的公司对其工作人员的协商与谈判技术并不满意。

关于制度视角，最重要的是学术创业的发展逐渐成为历史性的制度变革现象，成为高校通过战略转型服务区域和国家经济发展的重要新兴逻辑。如何建立能够基于发明人主义的利益驱动的价值体系设计等问题也受到研究者的关注。

2.系统视角

有学者指出，学术科研成果转化为生产力的最优方式是开展跨学科合作。学术创业本身是一种持续性的创新活动，如何用干中学用中学来解释学术创业活动呢？

于叶溪等人从学术创业的技术学习系统这一微观视角出发，提出学术创业的技术学习系统是由实验室端的干中学和用户端的用中学两个子系统构成的，二者互为补充，共同构成循环反馈的创新迭代机制。

干中学是1962年Arrow（阿罗）提出来的，即研发得越多，经验与知识的产出也就越多，体现的是以自主研发获得科技成果的动态学习机制。后来，Rosenberg（罗森伯格）基于干中学思想提出了用中学技术学习机制，将新技术新产品的研发过程与随后的使用过程区分开，发现使用过程会产生研发过程所不具有的新知识，即在用户端获得独立于实验室端研发知识之外的用户知识。但是，当前的大部分研究是聚焦于学术创业实验室端，而忽视了用户端的学习。

如图2-2所示，学术创业本身的鸿沟就是指面向科技前沿与面向用户之间的矛盾，如果要实现成功创业，需要一些机制和手段来为这条鸿沟搭桥。

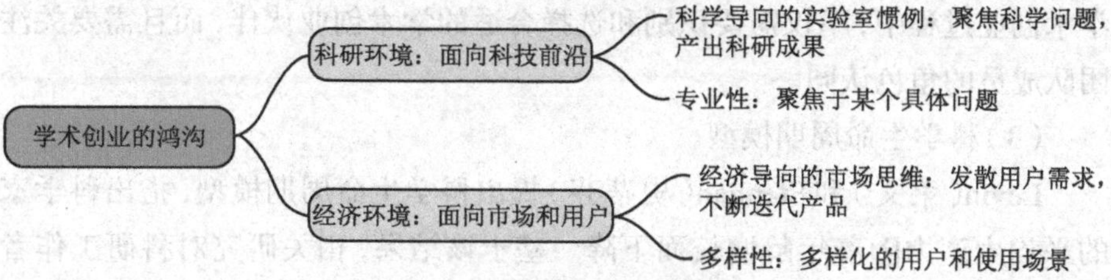

图2-2　学术创业鸿沟思维导图

于若溪等人认为，对于学术创业企业，创业者必须同时构建基于需求导向的干中学学习子系统和基于问题导向的用中学学习子系统，更为重要的是，学术创业者必须主导两个子系统，形成创新迭代的循环反馈机制，推进学术创业企业的新技术新产品加速成熟，占领市场。

3.创业主体视角

通过梳理文献发现，国外早期的研究较为侧重创业者动机、绩效表现等方面的研究。关于创业主体的研究，有四种主流理论视角：

（1）资源基础理论认为，创业者具备稀缺的多样化特征是企业的竞争优势。所以，有学者认为，创业失败的主要原因是创业者缺乏创业资源，学术创业者的个人经验也会影响其创业表现。

（2）角色认同理论来自社会心理学，可以被用来解释科研工作者在向创业者转变的过程中遇到的困难以及在不同阶段选择何种类型的创业活动。学术创业者长期的科研工作经历使其对科研院校的文化规范和自身职责使命具有强烈的职业认同，比如崇尚知识创造，看重同行的认可和终身教职等，但从事创业活动，则需重视经济效益和私人成果，保障企业生存和发展，与科研人员的角色认知存在矛盾。有学者曾以6 138名从事商业活动的科学家为样本进行研究，发现在科研院校工作时间越长越难向创业者转变。

姚飞等人通过案例研究法分析科研人员向创业者转型得出的结论具有很好的学术和理论价值：一种为在大学驱动下的教授老总一肩挑，科研创业双丰收的矛盾创业者；另一种为推动自己专利技术成果转化的反复型创业者；并且探讨了创业者初始条件对创业转型的影响。

学术创业者从科学家角色向企业家角色进行转化时，确实存在天然的思维模式差异，但是越来越多的学者对学术创业者的角色认同机制进行了研究，探讨学术创业者的角色适应过程。而且，不仅仅是技术持有者，团队成员的角色认同都对学术创业绩效的提升也发挥着关键作用。高校在促进学术创业过程中，不仅需要识别和选择合适的学术创业伙伴，而且需要关注团队成员的角色认同。

（3）科学生命周期模型

Levin（莱文）和Stephan（史蒂芬）提出科学生命周期模型，指出科学家的平均生产力随着年龄增长而下降。基于该结果，相关研究对科研工作者创业形式和进入时间进行了探究，发现科学家的创业行为同样具有生命周期，科学家在年龄较小、精力最旺盛的时候，往往都在从事科研工作，努力提高自身的科学声誉，当他们成熟并取得成就时，才有动力去进行商业化活动，因此学术创业者的年龄普遍较大。而且，在职业生涯早期，科学家把大部分精力都放在了科学研究上，创办一个新企业又远比提供咨询或进行专利转让耗费精力，因此科学家通常在职业生涯后期，自己在研究领域具有较高声誉时，才会选择创办新企业这一商业化方式。有趣的是，基于角色认同理论得到的结论是科学家在其职业生涯早期更倾向于选择新创企业这种创业方式，与基于科学生命周期模型得到的结论恰好相反，这可能是个体特质及其所处院系不同导致，需做进一步研究。

（4）印记理论

印记理论主要用来解释学术创业者为何会将他们之前工作中的职业印记转移到创业活动中，以及这些职业印记如何影响新创企业的结构、文化和日常经营。印记理论认为，无论是个体还是组织，在其发展进程中，都存在若干环境敏感期，在该时期内，特定阶段的环境特征将对个体或组织产生重大影响，且这种影响不会轻易消失。对于学术创业者来说，长期从事教学和科研工作的经历，使得他们更加重视不同来源的信息，并不断寻找新的信息来推进知识创造，当这种印记被带到创业企业中时，就会表现为更多的研发投入、开放式创新和更好的创新绩效。Hahn（哈恩）等通过对211家初创公司进行研究，发现有科学家创业者参与的企业能够通过扩大知识搜寻深度和广度来刺激开放式创新，且科学家数量越多，企业的开放式创新绩效越好。

从研究方法来看，对实践案例的跟踪和分析有助于更好地理解学术创业过程，例如，Sprinkle（斯普林斯）（2006）通过案例分析发现，学者创业者有更好的理解力、解释力，对创业事件有更强的预见力。实际上，这些研究的目的都在于帮助大学如何更好地推动学术创业过程的开展。

综合来看，学术研究被认为是一国竞争力中未被充分利用的资源，主要原因在于学术研究成果很难被转化和应用到实践中。因此，必须探究可能影响学术创业水平和特征的各种要素及其反映的组织和社会原因。

2.2 创业过程

广义的创业过程通常包括一项有市场价值的商业机会从最初的构思到形成新创企业的过程，以及新创企业的成长管理过程；狭义的创业过程是指新企业的创建，但大部分研究都是指广义创业过程，本研究亦如此。学术创业并非单独事件，而是一个由系列事件组成的连续过程。如，Matthew（马修）（2011），将学术创业过程划分为四个阶段：创新成果公开及知识产权保护、固定产业合作伙伴、商业化机制选择、商业化，并描述了各阶段的主要任务。

创业过程具有复杂性、动态性，其研究演进脉络从侧重复杂性到侧重动态性，再到动态性与复杂性的融合。侧重复杂性的研究思路主要是对创业过程的创业要素及内在相互关系的探讨，如Cartner（高纳德）（1985）的理论模型包括四个要素：个人、环境、组织、创立过程，且四要素之间存在相互作用。四个要素下的子变量总数达到50个以上，足见模型的复杂性，但是对各要素之间关系的阐释还不够清晰。Kate（凯特）和Cartner（1988）还提出了组织创建的必要条件：为了创建组织而收集的信息、进入壁垒、必要的财富资源、与外部供应商与消费者的联系。创业过程确实存在诸多复杂要素，但创业过程同时也极具动态性，使得要素之间的关系更难以确定，因此，仅从复杂性角度对创业过程阐释在基础上有欠缺。

侧重动态性的研究主要是关注对创业阶段的划分，如Galbraith（加尔布雷思）（1982）把新企业的成长过程划分为五个阶段：原理验证阶段（Proof-of-principle stage）、雏形阶段（Prototype stage）、模型销售阶段（Model-shop stage）、启动阶段（start-up stage）、自然增长阶段（natural growth）。

Churchill（丘吉尔）和Lewis（刘易斯）（1983）对Galbraith的模型进行了修正，认为并不是所有的企业都能够经历各个阶段，相当一部分企业在中途就已经夭折，因此他们将每个阶段的特征进一步细化，而且在每个阶段提供了不同的发展可能，提高了模型的复杂性。Holt（霍尔特）（1992）从企业生命周期出发，将创业过程划分为创业前阶段（pre-start-up stage）、创业阶段（start-up stage）、早期成长阶段（early growth stage）及晚期成长阶段（later growth stage），并指出各阶段的活动内容与重点。Olive（奥利弗）（2001）从个人事业发展角度，将创业过程分为八个阶段：决定成为创业者、精选创业机会、进行初步分析、组建管理团队、制订创业计划、拟定行动机会、早期的运营和成长、取得个人与公司的成功。动态性视角的分析能够揭示创业活动的逻辑顺序，但是通过借鉴相关理论将活动归入某个阶段，则可能会因概念类似而把两个时间相隔较远的事件划分进同一阶段，而且他们的实证研究发现，新创企业的发展是一个极为复杂的过程，常常难以人为地划分为几个阶段。

进入20世纪末，理论界逐渐认识到创业过程的动态性与复杂性特征是创业研究不同于一般管理研究的根本原因，逐渐涌现了一些集动态性与复杂性于一体的创业过程理论模型。例如，Bhave（巴韦）（1994）认为，创业过程是一个理性的、非线性的、反复修正的实际过程，包括了最初的机会识别、产品生产线建设、组织的创建、市场上的交易以及顾客反馈等。Timmons（蒂蒙斯）（1999）则认为创业过程是一个高度动态的过程，商机、资源、创业团队是创业过程中最重要的驱动因素，其理论模型以创业团队为基础，商机与资源位于上方的倒三角形。在创业过程中，三要素会随着相对地位的变化而产生失衡现象，而创业者要扮演好调整商机与资源相对平衡的核心决策者角色。Timmons的理论堪称动态性与复杂性融合的经典，他用三要素概括出创业过程的复杂性，同时又用三要素的动态平衡过程总结了创业过程的动态性。

在此之后，创业过程的研究基本延续动态性与复杂性相融合的研究方式，如Guclu（古克卢）（2002）等人构建了创业二阶段模型，一是创业者形成有成功希望的创意；二是创业者将有成功希望的创意发展成为有吸引力的机会。其中，创意受到个人经历、社会需求、社会资产和变革等因素影响，机会发展的分析包括运作环境、商业模式、资源战略、运作模式等内容要素。Dees（迪斯）（2002）等人认为，社会创业是一个包括过渡、变革和稳定三个阶段的过程。在过渡阶段，主要是创立创业团队，形成创业组织雏形，而创业团队主要由来自营利性组织和非营利性组织的个体组成；在变革阶段，主要是通过协商和沟通来建立制度，旨在平衡和支持组织的正常运转；在稳定阶段，主要是通过实际运作来提升社会事业的内在能力，从而解决社会问题和应对组织的外部挑战，其主要贡献在于明确了创业者在创业过程不同阶段的角色和任务。叶明海等人（2011）以系统理论视角，构建了包括创业机会、创业资源、创业战略和创业结果等创业关键要素的创业过程模型，能够解释一般创业现象和连续性创业现象。另外，还有一些对重点要素的研究，如创业者的个人经验与工作经历、社会关系网络等方面对创业因素的影响。

由此可见，创业过程的研究主要是对创业阶段规律以及创业关键要素的探索，这是创业生态系统的重要组成部分。以创业过程为关键词的研究近几年已不太多见，似乎更多地转入了创业生态系统领域。但是，创业过程理论在发展过程中对创业阶段的划分以及创业关键要素的挖掘，而且关注二者的融合，这些都为创业生态系统的研究奠定了坚实的基础。

总体来看，近几年国内关于创业过程的研究有所丰富，但是还相对缺乏基于学术创业领域的创业过程理论。因此，本研究将以学术创业过程为研究对象，探究其阶段规律、发展要素等关键特征。

2.3 学术创业者

学者将新技术供给与需求之间的鸿沟称为达尔文海。有学者指出，达尔文海的出现源于研究动机的断层，科技人才与企业家的短缺，以及创新资源的匮乏。究竟什么是学术型企业家？学术型企业家是既懂技术开发又懂经营管理的科研人员，其作为核心技术的发明者参与科技成果的转化，甚至企业的经营管理，能更有效地推进新兴科研成果的转化。

Timmons 等人的研究发现，技术创业企业的创业初期和成长期的诸多领导和管理活动主要是以创业者自己作为重点。因此，技术创业的领导力在创业过程中发挥了极为重要的作用。总体来看，关于学术创业者的研究并不是非常丰富，因为创业是一个复杂动态的过程，对学术创业者的研究以及创业能力方面的研究需要较长时间的深入跟踪。现有的研究中关于学术创业者的创业动机研究最为丰富，另外还有创业领导力、角色转型等方面的研究。

1. 创业动机

夏清华等人采用内容分析法梳理了大量文献，将学者的创业动机总结为三个方面：个人动机、科研动机以及外在动机。其中，个人动机主要体现在个人成就的追求上，主要包括提高个人收入、名声和名誉、人际网络、获得新的研究激励以及观点等。科研动机是学者创业者与一般创业者的重要区别之一，也是学者创业的重要动机，通过创业，学者能够将知识应用到实践，可以获得研究的新灵感和新方法。有的学者选择创业甚至是担心其他公司不能将自己的技术、发明很好地运用到实践当中。外在动机主要是指外部的驱动力，例如外部良好的市场机会、社会创业环境，以及对现有处境的不满而在学校之外寻求另外一种工作方式等。夏清华等人的研究发现学者创业主要来自前两种动力，而外在因素的激励比较少。

2. 创业领导力

技术创业领导力不仅包涵创业者识别高潜力和技术密集的创业机会、整合人力和现金等资源的能力，而且还包括领导者在特定的情境中吸引和影响被领导者与利益相关者并持续实现群体或组织目标的能力。叶伟巍等人梳理了前人的研究，并将技术创业领导力的构成梳理为四个方面，主要包括愿景能力（高尚的核心价值观、创建组织愿景能力、表述共享愿景能力、实现组织愿景能力、构建组织文化能力、承诺能力）、分析能力（公共政策分析能力、行业市场分析能力、技术难题分析能力、机会识别把握能力、战略决策能力、概念性能力）、变革能力（动态能力、智力激发、激励技术创新能力、激发市场创新能力、推进管理创新能力、组织学习能力）、整合能力（资源能力、关系能力、个别化关怀能力、沟通激励能力、心理授权能力）。

3. 角色转型

姚飞等人通过案例研究法分析科技人员向创业者转型得出的结论具有较好的学术和理论价值：一种为在大学驱动下的教授老总一肩挑，科研创业双丰的矛盾创业者；另一种为推动自己专利技术成果转化的反复型创业者；并且探讨了创业者初始条件对创业转型的影响。

4. 创业决策

学术创业与其他创业的一个重要区别在于其创业者面临由科研人员转型为创业者的问题，而学术研究思路与创业思路在很多方面迥异，因此，学术创业者的创业决策特征可能是影响学术创业绩效的关键。

创业决策是由Simon（西蒙）（1986）提出的决策概念发展而来，是对方案进行评估和选择的过程。由于个体能力的有限性，个体在进行实际决策时会表现为有限理性和模糊性，因此需要在个体主观评估后作出行为决策。创业决策主要有两个研究视角：一是过程视角，认为个体创业决策的开端是识别和评价创业机会，在明确其价值基础上，选择合适的商业模式决定开展创业活动。Gustafsson（古斯塔夫森）总结了四种常见的创业决策方式，分别是因果逻辑（Causation）、效果逻辑（Effectuation）、即兴而作（Improvisation）和试探方式（Heuristic）。因果逻辑是目标导向的，描述创业者在目标既定条件下的决策；效果逻辑则是手段导向，描述创业者通过选择自身有限手段来进行决策。

二是认知视角，即通过引入归因、计划谬误、认知适应性等认知概念来解释创业者决策逻辑和过程。目前，基于认知视角的决策研究从原来强调创业情境独特性挖掘创业者决策的偏差和非理性成分转向目前深入探索创业者在创业过程中由个人认知驱动的决策过程机理和调整策略。

杨俊认为，深入研究创业者在不同创业机会特征条件下的认知决策过程及其绩效表现，有助于我们认识和了解情境因素对于创业活动的影响。未来研究应该注重挖掘创业机会异质性条件下创业者识别和评价机会的认知和决策过程，并进一步探讨这个过程与创业过程行为规律和独特性等之间的内在联系和作用机理。Perry（佩里）等人也提出，创业活动具有异质性，使得创业决策会根据不同的情境、不同的创业者产生迥异的创业决策结果。因此，创业决策研究更加关注创业情境、创业识别和决策形成过程的阶段。

2.4 科技成果转移转化

蔡跃洲指出，之所以我国的科技成果转化率不稳定，是因为对科技成果转化的内涵界定不清，因此将科技成果转化界定为：高校院所受公共资助项目中，具有潜在市场应用价值的科研成果，通过各种形式实现市场价值和商业收益的相关活动和过程，本研究认同这一内涵界定。

国外关于科技成果转移转化方面的研究开始得非常早，积累了大量的研究成果，主要包括科技成果转化市场模式、转化效率等方面。国内科技成果转移转化方面的研究也非常丰富，主要有三类研究视角：一是关于科技成果转化效率的评估，如采用计量分析方法分析面板数据、基于委托代理模型等方法；二是对某一地区或机构科技成果转移转化模式的阐述，如胡罡等人分析了中山大学的科技成果转化模式，认为中山大学与地方政府联合建立研究院并且在技术开发阶段提供前期孵化器，在技术产业化阶段提供后期孵化器的做法较为有效；三是关注科技成果转移转化的影响因素，如科技成果转化存在市场失灵和政策失灵的问题、产权归属仍有欠缺、缺乏转化平台和技术市场中介服务等方面，并提出相应的对策建议。例如有研究证实，通过市场委托科技中介服务机构能够更好地促进科技成果转化。

3

我国学术创业政策演进情况及学术创业典型做法

3.1 学术创业政策演进的四个阶段

易高峰对1985—2016年国家层面的高校学术创业政策文本进行分析，发现高校学术创业政策经历了科技体制改革背景下的初步建立、科教兴国战略下的逐步发展、创新型国家建设下的改革深化和创新驱动发展战略下的重点突破四个演化阶段，本研究认同这一观点。

3.1.1 初步建立阶段（1985—1994年）：科技体制改革背景下的学术创业

20世纪80、90年代，国家曾号召和鼓励科研人员创业，一是为了促进高校及科研院所的科技成果转化，实现产业化；二是为了通过支持校办企业，来弥补高校科研经费不足的问题。当时，北京大学、清华大学、天津大学等重点高校均积极响应国家号召，培养了一大批产学研合作企业、校办工厂，促进了一大批科技成果转化，其中，北大方正、清华紫光等企业都是从那个时代发展而来。表3-1梳理了起步阶段的关键性政策文件及所发挥的历史作用：

表3-1 学术创业初步建立阶段的关键性政策文件

年份	文件名称	要点内容	历史性作用
1985	中共中央《关于科学技术体制改革的决定》	开拓技术市场，促进技术成果的商品化，以适应社会主义商品经济发展	科技成果转化标志性文件

续表

年份	文件名称	要点内容	历史性作用
1987	国务院《关于进一步推进科技体制改革的若干规定》	造就一批新型企业家、事业家	推动最早一批学术创业企业家的出现
1989	《关于深化改革鼓励教育科研卫生单位增加社会服务意见的通知》	高校开展社会服务，可以承包科技项目，转让科技成果，开展技术、经济的咨询服务	进一步扩大和丰富学术创业的类型
1993	《中华人民共和国科学技术进步法》	促进科技成果向现实生产力转化的法律性文件	鼓励高校与企业联合开展研发

这个阶段的政策推动了一批学者“下海”，比如，北大方正成立于1986年。易高峰采用社会网络分析工具发现，这个阶段的学术创业政策内容偏宏观，政策条款主要是原则性表达。

3.1.2 逐步发展阶段（1995—2005年）：科教兴国战略下的学术创业

学术创业逐步发展阶段的关键性政策文件见表3-2：

表3-2 学术创业逐步发展阶段的关键性政策文件

年份	文件名称	要点内容	历史性作用
1995	《关于加速科学技术进步的决定》	促进科技创新与产业化	我国首次正式提出科教兴国战略，高校在科技创新、技术转移中的作用受到重视
1996	《中华人民共和国促进科技成果转化法》	首次以法律的形式对科技成果转化的内涵、原则、权利、义务关系进行了规范，并促进全国大部分省级政府制定其地方条例	政策文本中开始出现“企业孵化、科技中介机构建设、股权激励、海外留学人员创业”等关键词
1999	《关于加强技术创新、发展高科技、实现产业化的决定》	从根本上形成有利于科技成果转化的体制和机制	提出要发展科技中介机构
2000	《关于加快高新技术创业服务中心建设与发展的若干意见》	提出建设与发展创业中心是我国高新技术产业化发展的重要战略措施	“孵化器”建设和“企业孵化”开始成为学术创业政策的重要内容

续表

年份	文件名称	要点内容	历史性作用
2001	《关于北京大学清华大学规范校办企业管理体制试点问题的通知》	为了尽快按照建立健全社会主义市场经济体制的客观要求，规范校办企业管理体制，进一步促进高校科技成果产业化和教学、科研事业的健康发展。解决校办企业产权关系不顺、学校直接承担企业运营风险，管理体制不规范、学校对企业行政干预过多，经营性资本难以自由流动、缺乏投入撤出机制等问题	力图明晰校办企业产权关系，完善科技成果产业化渠道，为校办企业的发展和学科型公司的出现奠定了基础

3.1.3　改革深化阶段（2006—2011年）：创新型国家建设背景下的学术创业

学术创业改革深化阶段的关键性政策文件见表3-3：

表3-3　学术创业改革深化阶段的关键性政策文件

年份	文件名称	要点内容	历史性作用
2006	《国家中长期科学和技术发展规划纲要（2006—2020年）》	更加重视产学研结合，促进科技成果转移，实现产业化	首次提出建设创新型国家战略
2006	《关于加快发展技术市场的意见》	明确综合运用无偿资助、贷款贴息、风险投资等多种投入方式，大力促进产学研合作	1.引导建立以企业为主体、市场为导向、产学研相结合的技术创新体系，加速科技成果转化。 2.税收、金融、财政以及创业投资等政策工具开始成为激励学术创业的重要手段
2006	《关于改进和加强中央财政科技经费管理的若干意见》	为了全面贯彻落实《国家中长期科学和技术发展规划纲要（2006—2020年）》及其配套政策，在确保财政科技投入稳定增长的同时，必须进一步规范财政科技经费管理，提高经费使用效益	
2007	《建立和完善知识产权交易市场的指导意见》	促进知识产权交易市场规范发展，构建多层次知识产权交易市场体系	
2007	《关于科技企业孵化器有关税收政策问题的通知》	全面贯彻落实《国家中长期科学和技术发展规划纲要（2006—2020年）》及其配套政策	明确孵化器享受税收优惠的政策
2009	《关于实施创业投资企业所得税优惠问题的通知》	落实创业投资企业所得税优惠政策，促进创业投资企业发展	促进创业投资企业发展，支持高新技术企业

续表

年份	文件名称	要点内容	历史性作用
2007	《国家技术转移促进行动实施方案》	鼓励科研人员重视产学研合作，开展自主创新成果产业化活动	增强自主创新成果产业化能力、促进自主创新成果向产业转移、加大投融资支持力度
2008	《关于促进自主创新成果产业化的若干政策》		

《国家中长期科学和技术发展规划纲要（2006—2020年）》指出，创新型国家是我国面向未来的重大战略选择。其中以学术创业为特点的研究型大学则是创新型国家建设的生力军。

3.1.4　重点突破阶段（2012—2016年）：创新驱动发展战略背景下的学术创业

经过前三个阶段的积累，这个阶段学术创业政策的数量、操作性等方面都有了显著提升，创新创业成为浪潮。

学术创业重点突破阶段关键性政策文件见表3-4：

表3-4　学术创业重点突破阶段的关键性政策文件

年份	文件名称	要点内容	历史性作用
2012	《关于深化科技体制改革加快国家创新体系建设的意见》	加快推进创新型国家建设，全面落实《国家中长期科学和技术发展规划纲要（2006—2020年）》，充分发挥科技对经济社会发展的支撑引领作用	指导我国科技改革发展和创新型国家建设的又一个纲领性文件，标志着我国建设创新型国家的进程迎来一个新的历史节点
2015	《关于深化高等学校创新创业教育改革的实施意见》	实施创新驱动发展战略，促进经济提质增效升级，推进高等教育综合改革，促进高校毕业生更高质量创业就业	2015年起全面深化高校创新创业教育改革，对高校开展学术创业具有重要的促进作用
2016	《关于加强高等学校科技成果转移转化工作的若干意见》	明确高校职务科技成果完成人和参加人在不变更职务科技成果权属的前提下，可以按照学校规定与学校签订协议，进行该项科技成果的转化，并享有相应权益。高校科技成果转移转化收益全部留归学校，纳入单位预算，不上缴国库，在对完成、转化科技成果作出重要贡献的人员给予奖励和报酬后，主要用于科学技术研究与成果转化等相关工作	着力破解科技与经济脱节的难题，大力实施产学研协同创新

续表

年份	文件名称	要点内容	历史性作用
2015	《中华人民共和国促进科技成果转化法（2015年修订）》	是自1996年出台后时隔近二十年第一次大修，在立法理念和制度安排上作出了重大调整；同时明确提出应当加强科技、财政、投资、税收、人才、产业、金融、政府采购、军民融合等政策协同，为科技成果转化创造良好环境；并规定了地方可以结合本地实际，采取更加有利于促进科技成果转化的措施	破解高校科技创新与经济发展“两张皮”问题的标志性文件
2016	《实施〈中华人民共和国促进科技成果转化法〉若干规定》	与《中华人民共和国促进科技成果转化法（2015年修订）》并称科技成果转化工作三部曲。之后科技部、教育部、财政部、人力资源和社会保障部、国资委等国家部委相继出台近七十部落实政策文件	为高校科技人员学术创业松绑，着力解决科技成果的所有权、处置权和收益分配权三个至关重要的问题
2016	《促进科技成果转移转化行动方案》		

2015年，《促进科技成果转化法》修订，此后中央和地方政府依据该法密集出台了促进成果转化的相关细则，解除了科技成果作价入股、成果协议定价和科研人员创业的制度束缚。学术创业开始成为我国高校院所成果转化的方式之一，各地纷纷出台了相关政策来支持学术创业的发展。

《中华人民共和国促进科技成果转化法》《促进科技成果转移转化行动方案》《实施〈中华人民共和国促进科技成果转化法〉若干规定》被称为科技成果转化工作“三部曲”，业内认为以上法律和政策体系借鉴了有益经验，明确将科技成果的收益处置权和管理权从国家转到了院所，并规定科技成果转化净收益的50%要归到研发团队。

相对于其他国家，这个比例确实高，比如美国斯坦福大学的奖励比例为28.3%，以色列对于科研人员、所在院系、学校的分配比例为4 ∶ 4 ∶ 2，由此可见，我国对科研人员的支持力度是相当大的。

3.1.5 蓬勃发展阶段（2017年至今）：双创浪潮后的政策

学术创业蓬勃发展阶段的关键性政策文件见表3-5：

表3-5 学术创业蓬勃发展阶段的关键性政策文件

年份	文件名称	要点内容	历史性作用
2017	《关于支持和鼓励事业单位专业技术人员创新创业的指导意见》	进一步明确研发机构、高等院校科技人员可以从事科技成果转化活动，其主要方式包括：离岗创业、在岗创业或者到企业兼职等	对离岗创业人员的基本待遇、职称评审、岗位、返岗以及涉及的其他方面作出了详细规定
2020	《关于提升高等学校专利质量促进转化运用的若干意见》	鼓励高校、科研组织积极改进知识产权归属制度，建立有效的知识产权收益激励机制，推动高校、科研组织制定不同的转化运用策略，探索符合自身特点的知识产权运营模式，促进创新成果向现实生产力转化	要从根本上改革高校及科研院所科研人员的考核、评价体系
2020	《赋予科研人员职务科技成果所有权或长期使用权试点实施方案》	赋予科研人员职务科技成果所有权或长期使用权是指职务科技成果完成单位按照约定将成果所有权或长期使用权赋予成果完成人（团队），通过划分各自所有的权利份额与比例的方式，使得成果完成单位和成果完成人（团队）根据划定的份额行使权利、获得收益并承担责任	通过赋予科研人员职务科技成果所有权或长期使用权实施产权激励
2020	《关于进一步推进高等学校专业化技术转移机构建设发展的实施意见》	进一步提升高校科技成果转移转化能力，推进高校技术转移机构高质量建设和专业化发展	培养技术经纪人，用专业人才做成果转化

2020年，国家密集出台了三项实施细则，作为配合科技成果转化三部曲的微观政策，被认为是中国的科技成果转化法律与政策体系已经成型。2020年，国家投入104亿元，撬动三倍社会资本，用于支持科技成果转化。各地也继续出台政策，推动科技成果转移转化。各地纷纷建立创业投资引导基金，用于推动科技创新企业发展。不过，不同地区的学术创业引导政策各有不同，所产生的效果也存在差异。

3.2 学术创业典型做法

科技创新水平与地方经济发展、创新活力存在直接关系，地方政府有内在动力推动当地的学术创业发展。不过，不同城市在落实政策方面存在差异，因此可能形成不同的特色、不同的发展水平。比如，北京、杭州、贵阳和深圳是目前全国做创新创业最有特色的四个城市，但它们各自的情况不一样，政府所发挥的作用也不一样。其中，北京主要依托中关村，利用高校、科研机构云集的优势，政府做的主要是鼓励科技成果转化，明确将科技成果转化作为人才职称评定的重要指标，可特设岗位聘用成果转化急需人才。杭州的电商产业，主要是由阿里巴巴带起来的；贵阳的大数据产业，主要是靠市政府推动；而深圳，靠的是有效的市场机制。

3.2.1　造桥——成立专门应用研究机构

众所周知，学和产之间存在死亡之谷，而如何跨越这条鸿沟，用造桥的方式是一个被实践验证过的好思路。德国弗劳恩霍夫协会是造桥模式的代表，相当于德国制造企业的共享技术转化平台，其作为欧洲最大的应用科学研究机构，下设80多个研究所，有1.5万名科研人员。在这个平台上，企业需要什么样的应用技术方案，可以直接向研究所下订单，支付相应费用，由研究所去完成开发。弗劳恩霍夫协会对基础科研成果的转化非常高效，每年为3 000多家企业完成近万项科研项目，被认为是德国制造的秘密武器[①]。

目前，上海、江苏、山东等地已经建立类似的产业技术研究院，弗劳恩霍夫模式正在中国兴起。

3.2.2　跨越——高校孵化企业

这种方式以斯坦福大学为代表，即由高校作为VC（创业投资），把自己的科研成果直接投资孵化成企业，被称为Spin-offs（副产品；附带的利益），这种模式是由斯坦福开创的，目前在世界范围内都有十分广泛的应用。

在国内，西湖大学、深圳大学、南方科技大学做得比较有特色，都分别成立了各自的创业投资基金，高校VC成为推动科技成果转化的重要力量。比如，西湖大学被誉为“中国斯坦福”，当科研项目还在立项阶段，西湖大学的成果转化办公室就开始考虑商业价值和市场定位的问题了。学者仍然继

---

① 《得到头条》，得到App。

续搞科研，而专利申请、政策咨询、投资谈判、团队搭建等问题，成果转化办公室可以提供一站式保姆服务。

这种模式关键在于拥有非常成熟的技术转移转化体系，成果转化办公室能够提供专业的市场化评估。但是，国内大部分高校缺少这样专业的成果转化办公室，以及社会上的很多成果转化机构也是寄希望于“左手买、右手卖”这样的模式，起不到在中间协助孵化的作用。

孵化器应该起到融资、共享、交流、培训这四项基本功能，但是很多孵化器都只提供了房屋租赁这一项功能，项目与产业之间还是对接不起来。

3.2.3 合作——企业主动与高校合作研发

比如，笔者在调研过程中接触到一家青岛的玻璃厂，其通过与青岛大学的产学研合作，不断优化自己的数字化、智能化转型过程。另外，也有一些企业会跟高校共建研究院或研究中心，企业提出自己需要攻克的技术难题，双方共同制订年度研究计划，当确定研究项目之后，企业方派技术人员进驻实验室，共同研发，一有研究成果，就快速转化为产品。并且，企业也可以和高校联合培养人才，毕业后可以直接加入企业。实践经验表明，促进高校与企业之间的人才流动，可以反过来加快技术的流动。

◎第二部分

学术创业的相关理论构建

4

学术创业生态系统理论构建

学术在推动技术创新、提升产业竞争力、带动区域经济增长等方面发挥了巨大的作用，而高技术企业的创始人主要是由高校科研人员转变而来，尤其是在当前形势下，如何提高高校（含科研院所，下同）科技成果的转化效率、提升科技创业的成功率，从而带动区域经济发展是亟须解决的问题。

4.1 学术创业生态理论的提出

4.1.1 研究目的

科技创业活动存在于特定的发展环境当中，因而必须对具体的创业生态系统进行深入的探索，才有可能使科技创业活动达到生态平衡。高校作为先进技术的重要研发基地，通常代表着科技发展的顶尖方向，然而，关于高校的科技创业却一直存在许多尚未解答的疑问：高校科研人员依存的创业生态环境与其他社会主体依存的创业生态系统有什么不同？科研人员自身的创业素质与其他社会创业主体有什么分别？科技创业经常存在的死亡之谷又是否是创业生态系统和创业主体自身创业素质的差别所导致？

因此，为了解答上述疑问，本研究聚焦于高校科研人员科技创业视角，并以其现存的科技创业生态系统为切入点，阐释科研人员所依存的创业生态环境特征及科研人员创业的自身特征，并最终提出推动高校科技创业的政策建议。

生态系统的概念来源于生态学，其在经济领域的类比概念，已经出现了商业生态系统、创新生态系统、知识生态系统等。由于每个创业系统都由相应的内部因素构成，同时各因素之间独特的互动状况都将带来系统特征的显著差异，体现出每个创业生态系统的独特性。

因此，本研究将创业主体聚焦于持有技术的高校科研人员，同时鉴于其创业内容的高技术性，将其依存的创业生态环境称为高校科技创业生态系统，并将其概念界定为：在高校及科研院所的空间内，以持有技术的、自主创业的科研人员为中心，其与外界所形成的相互联系、相互影响和相互作用的动态平衡系统。

在这一概念下，本研究将尝试采用扎根理论的质性研究实现以下两个研究目的：第一，探索高校科技创业生态系统各子系统的内部构成；第二，对各子系统之间的交互作用进行探讨，从而构建一套完整的高校科技创业生态系统，对各利益相关主体形成相应启发。

4.1.2　学术创业生态系统的内涵

Aldrich（奥德里奇）等人以生态系统视角分析了创业过程中各类组织及社会人群的作用，属于前沿性的探索研究。后来，Moore（莫尔）基于组织生态视角最先提出了商业生态系统（Business Ecosystem）的概念，借用自然生态系统的概念来描绘市场环境中的企业活动。随着研究范围的拓展，生态系统被运用到组织研究的各个领域，其中包括创业研究领域。例如，对美国麻省理工学院和百森商学院创业活动的探索使创业生态系统正式进入人们的研究视野，Dunn（邓恩）描述了麻省理工学院创业生态系统的基本轮廓，其关注的重点是如何建立创业型大学的创业生态系统，但未明确创业生态系统的概念。对百森商学院的研究重点则是立足于政府角度探索如何建立国家和区域的创业生态系统，同时Isenberg（伊森伯格）提出了创业生态系统的概念：当创业者拥有所需的人力资源、资金和专家资源，同时处于政府的政策鼓励和保护之下，这个最容易获得成功的环境被称为创业生态系统，包括市场、政策、融资、人力资源、文化及其他方面的支持六个方面。近几年，国内学者对高校创业生态系统也有关注，例如，刘林青等人采用案例研究法探索了麻省理工学院创业生态系统的构成。

Suresh（苏里士）和Ramraj（拉姆拉杰）基于影响创业成功的环境因素探索了创业生态系统的构成，认为创业生态系统是由新创企业及其赖以存在和发展的创业生态环境所构成的，是它们相互影响并共同演进的一个动态平衡系统。杨勇等人结合复杂系统理论和科技创业理论构建了区域创业生态系统多Agent模型。另外，近几年的研究对创业人才生态系统也有所关注，形成了创业生态系统是创业人才开展创业活动空间的基本共识。

但是，相对于商业生态系统、创新生态系统等方面的研究，创业生态系统的研究尚未成熟，而且实证研究相对较少，主要以理论探讨居多。首先创业领域的生态系统研究还尚未形成较大突破，综合现有文献来看，尚未有立足于高校科研人员创业生态系统的实证研究；其次，关于探索科研人员的技术成果走向市场化的研究，角度比较分散，缺少系统化的研究成果。从内容上看，目前鲜有文献从生态学的视角关注科研人员创业；从方法上看，理论构建居多，已有的实证研究通常是围绕某个具体案例的探讨，在推广性上有一定的局限。

因此，本研究的研究视角可能有以下两点贡献：一是从创业生态系统的角度探索了高校科研人员这一群体创业的生态特征，从理论上丰富了创业生态系统的研究范围；二是本研究基于扎根理论进行实证研究，以质性研究方法探索高校科研人员的创业生态系统构成及内在机理，提出结论及建议，从而能够给予创业者、政府部门等生态主体一定的启发，并因此提高高校科技创业的成功率。

4.2 研究设计

4.2.1 研究方法

高校科技创业是一个多主体、多维度交织的复杂现象，因此，本研究采用扎根理论（Ground Theory）这一探索性的质性研究方法对高校科技创业生态系统的构成及内在关系进行探索。扎根理论是由社会学家Glaser（格拉译）和Strauss（斯特劳斯）于1967年提出的，是基于对丰富、翔实的经验资料的深度剖析，通过科学的逻辑、归纳、演绎、对比、分析，逐渐提升概念及其关系的抽象层次，从而自下而上建构实质理论的一种实证研究方法。扎根理论并非试图证实某一既定理论，而是以一个特定研究领域为基点，将相关研究实体围绕着特定领域逐一呈现，基本分析步骤依次为：资料收集、对资料进行开放式编码（Open Coding）、主轴编码（Axial Coding）、选择性编码（Selective Coding）。

4.2.2　数据来源

本研究通过非结构化访谈对高校科技创业的主要利益相关主体进行访谈，收集第一手资料，以期更真实、更全面地获得各利益主体在创业生态系统中的角色位置。表4-1分别从高校、高校科技创业企业、政府、金融机构四类主要利益相关机构中选取对象进行访谈。为了保证研究结论的科学性和有效性，采用理论抽样（theoretical sampling）的方法，选取了37名受访对象；考虑工作经验对个人认知的影响，受访对象的年龄一般为35~50岁之间。

表4-1　受访者资料统计表

项目	选项	人数	所占比例
性别	男	28	75.68%
	女	9	24.32%
年龄	30~35周岁	2	5.41%
	35~40周岁	4	10.81%
	40~45周岁	12	32.43%
	45~50周岁	15	40.54%
	50周岁以上	4	10.81%
学历	大专及以下	5	13.51%
	本科	10	27.03%
	研究生及以上	22	59.46%
所在机构	高校科技创业企业（A）	10	27.03%
	政府(B)	7	18.92%
	金融机构(C)	10	27.02%
	高校及科研院所(D)	10	27.03%

（注：为编码方便，将所在机构分别以A、B、C、D予以区别，下同）

在访谈前一周对访谈者进行预约，并以电子邮件的形式提前告知被访者本次访谈的主旨与主要内容。由于研究涉及四类访谈主体，因此在调研提纲的设计上分别有所侧重，主要访谈提纲见表4-2：

表4-2 访谈提纲的主要内容

	高校科技创业企业（A）	政府（B）	金融机构（C）	高校及科研院所（D）
针对性问题	（1）您当时的创业动机是什么？ （2）您在创业过程中，遭遇的最大障碍是什么？是否解决？如何解决？	（1）您所在的区县，对高校科技创业项目有何支持？ （2）您认为如何才能提高高校科技创业的成功率？	（1）您所在的机构，对高校科技创业项目态度如何？ （2）筛选机制是怎样的？ （3）您所在机构为选中的创业项目提供了哪些服务？ （4）您所在机构投资这类项目的成功率如何？	（1）您所在的机构，是否支持科研人员创业？ （2）如若支持，有哪些手段？如若不支持，主要原因是什么？
共通问题	（1）您认为科研人员创业成功与否，受哪些因素影响？ （2）您认为，我国的高校科技创业环境是由哪些部分组成的？各自发挥了怎样的作用？			

4.3 范畴提炼和模型构建

4.3.1 开放式编码

开放性编码是构建理论模型的基础，需要对原始访谈记录中的句子或片段抽象化，并给予概念化标签，再将相关度高的概念进行聚拢，实现范畴化，这一过程共获得了439条原始语句及对应的初始概念，并在此基础上提炼出33个范畴。

4.3.2 主轴编码

主轴编码的目的是将在开放式编码过程挖掘出的各个独立范畴联结，

发现和建立范畴之间的潜在逻辑联系。再次归类后，共归纳出11个主范畴，构建出高校科技创业系统范畴体系，见表4-3：

表4-3　主轴编码形成的主范畴

类别	主范畴	对应范畴	范畴的内涵
创业环境	政策环境	政策导向	国家、地方政府是否从政策上鼓励产学研合作
		优惠政策	政府为鼓励产学研合作而制定的税收优惠，人才引进、购房或场地租金优惠，立项、补贴等相关优惠政策
创业环境	政策环境	引导政策	政府鼓励金融机构为科技创业项目融资
		行政法规政策	保障政策执行力度
		知识产权体系	对知识产权的保护
	文化环境	教育理念	教育体制是否鼓励高校创业
		投资理念	投资人、投资机构对投资对象、投资过程、投资行业等方面的认识
	金融环境	宏观经济态势	国际、国内的宏观经济形势
		天使投资体系	政府天使资金的投入力度及商业资本的天使投资状况
		VC/PE体系	VC/PE对科技创业项目的投资兴趣及投资人的战略眼光、投后管理与服务等
		债权融资体系	银行、小额贷、担保公司等相关债权融资体系的融资门槛
		其他金融工具	如金融租赁、私募债、知识产权质押等金融工具
	产业环境	产业聚集	是否实现上下游产业链的整合，产业聚集的环境、配套设施等
		产业前景	产业未来的发展趋势、市场前景，是否具备可持续性、不可替代性等
		市场特征	客户群体的需求、支付能力等
	服务环境	科技金融服务平台	对产学研合作项目能够提供哪些科技与金融对接的服务
		服务部门的效率	流程是否简化或过于复杂、苛刻
		孵化器	能够给科技创业项目提供的孵化服务
创业主体	人格要素	创业动机	创业者做出创业行为的内在动机
		企业家精神	创业者是否具有创新性、成功欲、冒险精神和强烈的事业心等特征
		坚韧性	创业者在创业过程中遭遇挫折时对压力的耐受度
	能力要素	领导力	包括管理能力、组织能力、执行力、利用环境的能力等
		角色适应力	指创业者能否实现学者角色与企业家角色的自由转换
	认知要素	商业认知	基本的管理知识、商业知识、财税知识等方面的知识与对行业、技术等方面的认知
		自我认知	对自身是否适合创业等方面的认知

续表

类别	主范畴	对应范畴	范畴的内涵
创业要素	技术要素	技术创新性	技术成果是否在一定范围内足够创新
		技术价值	技术成果转化的潜在市场价值
		技术可持续性	技术的持续研发、持续创新能力
	人才要素	向心力	是否有足够的意愿为企业的壮大发展而做出自我努力
		技术能力	在技术更新、产品研发方面的能力
		管理能力	在组织资源、应对市场、日常经营管理等方面的能力
创业要素	资金要素	外源融资	寻求外源融资时的融资能力、可选择的融资渠道等，是否能够满足企业的成长需求
		内源融资	企业经营活动产生的资金能否满足企业的成长需求

4.3.3 选择性编码

研究者在选择性编码阶段，将进一步梳理各范畴之间的关联，发掘能够统领所有范畴的核心范畴（Core Category），并形成以此为中心的多脉络逻辑联系，又称故事线（Story Line），通过梳理故事线，发展出新的实质理论构架。本研究中，核心范畴是高校科技创业生态系统的构成，故事线可以概括为：高校科技创业的实质是创业主体对创业要素的持续追求和获取，在这一过程中，受到创业环境影响，其动态平衡过程共同构成了高校科技创业生态系统。为了更清晰、直观地展示内在的逻辑联系，表4-4展示了主范畴之间主要的典型关系结构：

表4-4 主范畴的典型关系结构

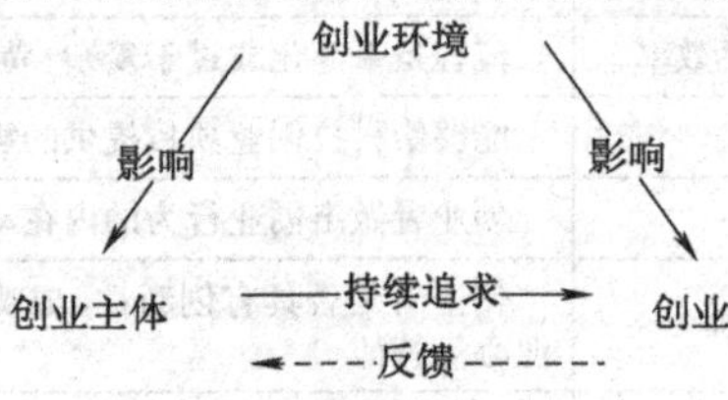

（高校科技创业生态系统图）

典型关系结构	关系结构的内涵	受访者的代表性语句
创业环境→创业主体		
政策环境→创业主体	政策鼓励、政策落实保障影响创业主体的创业决策	D2.我感觉现在还是缺少关于高校技术创业的独立政策，所以在政府支持的力度、政府办事的效率等方面体现不出特别明显的优势

续表

典型关系结构	关系结构的内涵	受访者的代表性语句
文化环境→创业主体	文化氛围对科研人员是否进行创业有影响	A4.现在的科研导向还是追求学术高度,忽视科技成果与经济社会发展的关系
创业环境→创业要素		
政策环境→资金要素	必要的优惠政策及鼓励政策能够推动科技创业起步	A2.当时政府给予一定数量的启动资金 A4.我们认定了高新技术企业,所以税收是免二减三
金融环境→资金要素	经济形势、融资工具设计等直接影响创业者获取资金的难度、额度	B7.咱们国家的银行贷款体系针对的是发展期或者成熟期的企业,贷款的时候往往需要企业提供大额抵押、担保物或者反担保的措施,这对于轻资产企业是非常困难的 A9.现在有投贷联动、无形资产抵押贷款等金融产品,在一定程度上还是缓解了我们的燃眉之急 A4.有的担保公司要求我们提供反担保或者股权质押,这种方式会影响股东权益,所以我们并不常用
产业环境→人才要素	是否形成了良好的环境,对于人才聚集有很大影响	D9.要让人才、企业聚集过来,必须要有一定的配套设施,起码要便利 A4.我们现在入驻了软件园,但是园区内却有很多生产性的企业,这样并不利于形成产业集群
文化环境→技术要素	教育理念对技术价值的转化、评估有影响	D6.高校和研究院的技术必须保证前沿性,可这却不可避免地会造成与市场之间的距离
创业主体→创业要素		
认知要素→资金要素	创业主体的认知水平影响企业的资金获取能力	A2.对于企业来说,并非希望依靠政府补贴,只是项目在早期很难吸引到市场资金,需要政府补贴或者引导金融机构投资帮助企业度过最早期,后期完全应当依靠市场力量
人格要素→人才要素	创业主体的人格魅力能够吸引人才	A8.企业刚成立时真的很艰苦,好几个月发不了工资,但我们的团队(从学校带过来的)却从未离开 D10.可以逐步完善员工参股的制度,一方面能够解决资金问题,另一方面也能够调动大家的积极性 A3.在创业过程中,不断吸纳同类是必要的
人格要素→资金要素	创业主体的人格能够影响资金的获取	C3.我们在做投资决策时,更多地会看这个人到底怎么样,说明白了,是在投资人(企业家人格)
创业环境→创业环境		
政策环境→金融环境	政府通过引导手段,调动金融资源对接科技创业企业	A8.银行贷款需要抵押,可是小企业哪有抵押物,政府如果不鼓励银行给小微企业贷款,银行是不会给贷的

续表

典型关系结构	关系结构的内涵	受访者的代表性语句
政策环境→服务环境	在政策设计上需要保障服务效率与服务效果	A9. 如果政府能够组织一个平台，汇集一些应用我们产品的企业或潜在客户，这样的对接活动可能会更有效 A10. 有的时候我们去办手续，A部门让我们先盖B部门的章，B部门又说要先盖A部门的章
创业环境→创业环境	创业环境的动态平衡影响创业生态系统的构建	C4. 高新区建起了软件园，也确实吸引了这类企业的入驻，对于产业聚集是有帮助的
政策环境→产业环境	通过恰当的政策设计打造适合我国国情的产业环境	D6. 小的行业应该串联起来成为一个大的产业，这样才能真正推动我国技术创新，造就中国的产业王牌
文化环境→金融环境	投资理念影响金融环境的塑造	C6. 美国的天使投资很多，会投很多项目，比如投十个，成功一个，也赚回来了 A3. 现在对投资的认识还很不成熟，把投资看作赌博，从创投融资很困难，如果企业明天IPO，投资机构就都来了，前期根本没有人愿意投

4.4 模型阐释与研究发现

4.4.1 创业生态系统要素内涵

1.创业环境

创业环境是指创业人员在创业过程中赖以生存的环境。

第一，政策环境对科技创业过程存在诸多方面的影响，呈现直接或间接的作用，张钢等人的实证研究与本研究结论一致，即创业政策与技术创业存在显著相关关系。①政策导向是基础，是指国家、地方政府是否从政策上鼓励科技创业，直接决定了科研人员能否在合法的环境下进行创业。②优惠政策对创业主体、企业的资金筹集、人才招募等方面能够产生一定的直接影响，可以实现对科技创业的鼓励，但并非决定性因素。③引导政策主要是指通过政府的力量为科技创业打造良好的金融环境，例如设立创投引导基金、为金融机构提供风险保证金、补贴等政策都是对金融环境的塑造，从而影响科技创业的资金筹集。④行政法规政策主要包括两个方面：

一是对科技创业合法性的明确规定；二是保障政府各类政策规定有效落实。⑤由于科技创业具有高技术、轻资产的特性，因此知识产权体系是科技创业中最亟须的政策保障。

第二，文化环境从理念上影响了科技创业过程。首先，从教育理念上看，国外许多知名大学注重创业型大学（Entrepreneurial University）的建设，即将教学、科研与知识资本化结合起来，培育了科研人员的创业意识，而我国在建设创业型大学方面相对起步较晚。其次，国内外的投资理念也有较大差距，国内对于投资的认识更倾向于即时回报，而科技创业企业虽然存在较大的发展潜力，但同时存在较高风险，因此，国内投资机构对科技创业企业持观望态度居多。

第三，产业环境是科技创业的基础。①一般只有具有良好产业前景的技术才会被选择市场化，产业前景包括产业的总体发展现状、国内发展状况、在国际上的技术排名、不可替代性的强弱等方面；②在调研的过程中，发现产业聚集状况对科技创业企业的运营存在影响，体现在上下游企业之间的产业互动、招募人才等方面；③科技创业技术所属产业的市场特征对科技创业的成功率有一定的影响。在调研中发现，有的科技创业企业的主要客户群体是国企、政府等，具有很强的购买力和稳定的购买需求，市场风险比较小，能够较快地实现盈利。

第四，金融环境是指在科技创业过程中，与资本相关的系列宏微观条件。金融环境受政策环境和文化环境的影响，同时直接影响创业主体在获取资金时的难易程度。首先，宏观经济形势对产业发展、金融市场等方面都会造成显著的影响。例如，与成熟市场经济条件相比，转型经济的制度信任水平低，对资源合理配置的能力不足，企业市场交易的成本偏高。其次，融资工具体系对创业主体获取外部融资存在直接影响，表现在：①债权融资方面，银行信用仍是主要形式，但银行追求稳定的信贷体系与科技创业企业的高风险性、轻资产、无抵押等特征存在矛盾。②股权融资方面，一是国内天使投资、创业投资体系追求资本最大化，投资阶段后移，对初创阶段的科技创业企业不认可；二是国内创投行业投后管理的能力还不够强，为科技创业企业带来的市场资源、管理经验方面的支持不足；三是科技创业企业具有轻资产的特性，估值容易偏低，股权投资会给企业带来股权分散的问题。

第五，服务环境主要指为高校科技创业提供服务的环境，包括办理企业注册、税务等各类部门的办事效率、是否有支持其发展的科技金融服务平台、孵化其成长的孵化器等。①政府部门的办事效率。如果流程设置不合理或效率不足，有可能导致企业错过最佳发展期。②科技金融服务平台。该平台应当帮助企业与上下游企业、金融机构、中介机构等多方进行对接，以及搭建公共技术转移平台等，提供系列公共服务。③孵化器。孵化器的孵化范围需要向前端延伸，发挥好选苗、育种的职责，筛选出适合创业的科技项目，并继续提供融资、共享、培训、交流等职能，提高科技创业的成功率。

2. 创业主体

创业主体是高校科技创业的核心，其创业素养与视野决定了科技创业的高度。本研究将创业主体的素质归纳为三个方面。

第一，人格要素。①创业动机对创业绩效存在显著影响，访谈中发现，主要的创业动机包括两类：自我实现与将技术成果转化的社会责任感。②如果创业主体具有较高的企业家精神，则能够为企业带来活力，促进研发成果转化。③科技创业存在死亡之谷，失败率较高，需要创业主体有足够的坚韧性面对创业挫折。

第二，能力要素。领导力是指创业主体在创业过程中表现出的管理能力、组织能力、执行力、利用环境的能力等，已有研究证实了创业领导力与技术创业绩效存在正向相关关系；角色适应力是指创业者能否适应学者与企业家角色之间的角色转变，角色认同程度会影响创业绩效。

第三，认知要素。一是商业认知，包括对基本的企业管理、市场、行业等方面的认知，但是作为技术创业者，通常具有理工科背景而非商科背景，因此难免存在商业认知不足的情况，如果创业者能够获取并运用创业管理支持，则有助于提升企业绩效。二是对自我的认知。技术创业者应能够客观地认识自己是否适合创业，在创业过程中应当扮演何种角色，否则创业困境会引起认知冲突，不利于身心健康，也影响企业发展的高度。

3. 创业要素

创业要素是指创业者在创业过程中持续需要解决的问题，包括资金、技术和人才。

（1）在研究中发现，在科技创业生态环境中，资金来源包括三个主要渠道：一是银行借贷、天使投资等金融手段，受金融环境影响；二是政府补贴，受政策环境影响；三是市场回报，在研究中发现，大部分科技创业企业销售收入不足百万元，迟迟无法进入市场，至少需要2~3年的时间，而这段时间成了大部分科技创业企业的死亡陷阱。

（2）技术要素是技术创业的关键，是企业存在的基础。对于高校技术创业，技术创新的持续性最为重要。研究中发现，当企业从高校或科研院所中脱胎之后，如果能够与高校或科研院所继续保持良好的合作关系，则企业的发展通常较为顺利。典型的模式是企业与高校或科研院所签订协议，由科研院所负责进行基础研究和应用研究，再转至企业进行产品、商品研发，这样的模式解决了企业在基础研发中所需要的大量资源，节省成本，同时由高校保留知识产权。虽然这种做法在国内已经较为优秀，但相较于先进的高校技术转移模式仍有很大差距。这种模式下会设置技术转移办公室，专门负责对技术进行评估，以判断技术是否能够进入市场，如果认定合格，则会给予相应的资金支持，否则会建议技术持有者重新回归实验室阶段。

（3）人才要素是指企业在创业过程中所需要的人力资源，包括技术人员和管理人员、财务人员等。本次调研的企业，几乎全部由技术持有者担任企业总经理或董事长，同时带领团队的部分核心成员进入企业，这种模式下，团队相对凝聚力较强。但是，由于科研工作者长期的工作重心偏重于科研，因此可能存在管理能力相对薄弱的情况。同时，也有一些企业聘请了职业经理人，解决了部分管理困境。人才聚集受产业环境影响较大，例如在中关村聚集大批专业人才，形成滚雪球效应。但是，如果产业聚集不明确，则企业在招聘过程确实会遭遇困境，很难招募到专业人才。

4.4.2　创业生态系统要素间的互动关系分析

如图4-1所示，本研究主要梳理了13条要素互动路径，涉及创业环境与创业主体、创业主体与创业要素、创业环境与创业要素、创业环境内部四个层面的互动关系。

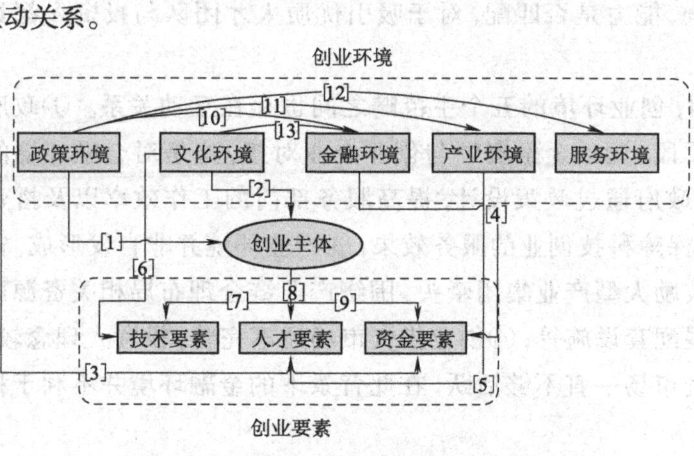

图4-1　创业生态系统要素间的互动关系

第一，在创业环境层面，政策环境与文化环境对创业主体的影响最为直接。首先，政策环境是否允许、鼓励、保障高校创业，直接影响创业主体最初的创业决策。其次，我们文化环境中，知识资本化的理念尚未深入，因此科研人员的创业意识相对薄弱。

第二，创业环境对创业主体能否顺利获取创业要素存在间接影响。首先，政府优惠政策为部分高校科技创业企业提供了直接的资金或税收支持，推动企业起步；金融环境影响了创业主体获取资金的渠道以及获取时的难易程度。其次，产业环境对于人才要素有影响，例如北京中关村、武汉光谷都形成了特色产业，吸纳了大批人才聚集。另外，文化环境中的教育理念，对技术是否能进行最大化的商业价值开发、评估存在影响，表现为教育理念重视理论价值，对实用价值的关注不足。

第三，创业主体对创业要素的获取是整个创业生态系统的核心。如上文所述的死亡之谷，其本质原因在于创业主体对创业规律的认知不足。技术创业企业，需要经历基础研究、应用研究、产品研究、商品研究四个阶段，只有使基础技术成为商品才能走入市场，获得市场回报。然而，在访谈中发现，许多创业者选择在应用研究阶段开始创业，此时的应用成果尚无法完全和市场匹配，必然无法顺利获得市场回报。同时，由于无法适应市场，仍需要投入大量的资金进行产品研发，而此时企业状况很难获得金融机构青睐，导致企业周转困难，陷入严重资金瓶颈，甚至导致企业破产。如果创业者能够清楚认识技术创业规律，则将在很大程度上避免企业失败的现象。另外，创业主体是否持有一项真正有价值的技术、人格是否健全、能力是否匹配，对于吸引优质人才团队与投资人都具有重要意义。

第四，创业环境的五个主范畴之间也存在互动关系。①政府通过系列引导手段，调动金融资源与创业企业对接，这是对金融环境的打造与补充；②政府通过政策设计，提高服务部门的工作效率以及搭建各类服务平台，保障科技创业的服务效果；③产业环境并非自发形成，需要政府引导或鼓励大型产业集团牵头，围绕产业链合理布局相关资源以及完善产业发展配套设施等；④创业投资市场还不完善，投资人理念较为保守，导致投资市场一直不够活跃，在此背景下的金融环境并不利于科技创业进程。

4.5　主要结论

本研究探索了高校科技创业的生态系统构成及内在作用关系，研究结果表明，高校科技创业生态系统的本质是主观（创业主体）与客观（创业环境）的统一，在科技创业过程中，必须系统地考虑创业环境、创业主体以及创业要素的交互关系，主要发现如下：

（1）高校创业环境包括政策环境、文化环境、产业环境、金融环境与服务环境，基本与Isenberg对创业生态系统的概念一致，且子环境之间存在交互影响，并且，我国高校创业环境的各个方面都还有待优化。

（2）创业主体的创业认知至关重要，表现在科技创业死亡之谷的本质来源于人们对科技创业阶段的认知不足。科技创业包括基础研究、应用研究、产品研究与商品研究四个阶段，从产品研究到商品研究还需要完善供应链、工艺成熟度、质量控制等诸多方面，但多数创业者在产品研究阶段就开始创业，所以无法快速进入市场，导致资金供应不足。

（3）科研人员在成立企业之后，由于个人原因、高校体制原因以及知识产权保护政策等方面，往往处理不好与高校之间的技术供应关系，导致技术研发成本提高、难度增大。

（4）创业主体的个人素养不仅对企业发展格局有影响，而且是投资人判断投资与否的重要考量。

本研究将扎根理论引入高校科技创业生态系统的研究，为研究这类动态、复杂的生态系统性问题提供了科学的方法论，研究聚焦于高校科技人员创业，探索了其依存的创业生态系统的构成与相互作用关系，具有一定的理论价值；同时，为科研人员提供了是否选择创业的决策参考。另外，政府、学校应当根据高校科技创业生态系统的特征，有针对性地制定相关措施，营造良好的高校科技创业氛围，促进创业生态要素之间的有机互动，如加强产业环境建设、引导金融资源向科技创业聚集、在科技创业企业的不同阶段提供与之对应的引导政策、明晰高校知识产权归属、建立与高校之间的技术协同机制、重视对科研人员创业素质培养等。

在未来的研究中，还需要增大样本进一步验证，同时完善对创业生态系统内部构成之间的交互作用以及高校科技创业成长阶段特征与规律的探究。

5

学术创业过程理论构建

随着建设创新型国家战略的实施以及创新创业、众创空间的热潮，我国许多大学认识到学术创业活动是完成传统人才培养和科学研究使命之外的必然要求，学者创业能够促进经济发展、将大学科技成果进行转化、为大学带来收益等。然而，我国高校的科技成果转化率仍待提高，而且高校科技创业实践在2~3年内容易出现濒临破产的局面。

5.1 学术创业过程理论的提出

5.1.1 研究目的

为什么我国高校科技创业实践存在这一死亡之谷？学者在科技创业过程中经常面临哪些困境？该如何解决？

为了回答上述问题，本研究在回顾有关学术创业及创业过程文献的基础上，以天津市五家高校科技创业企业为研究对象，通过对所调研的案例进行扎根分析，从中发掘学术创业的过程规律及机制，以期帮助学者更加理性地参与创业。

5.1.2 学术创业过程的内涵

创业过程是现代创业理论研究的重要议题，但是针对学术创业过程的理论研究尚不充分。关于创业过程，Timmons的理论模型最为经典，在许多创业教材中都有所提及，即以机会为核心、资源为保障、团队为主体，既突出了创业过程的复杂性，也体现了创业过程的动态调整性。近年来，创业过程的研究逐渐被融入具体情境，比如，针对中国制度环境、海归创业者、互联网情境下、女性创业者等创业过程研究。

学术创业过程也是被融入学术创业情境所提出的概念，随着时代的发展，创业过程涉及的要素和阶段可能已经发生了变化，需进一步更新。同时，以往的研究对学者创业者资源禀赋特征挖掘得并不全面，尤其是结合学术创业过程的学者特征分析还不够深入。因此，本研究将聚焦于学术创业视角，并注重复杂性与动态性的融合，采用扎根理论的分析方法构建适合我国国情的高校学术创业理论。

5.2　研究设计

5.2.1　研究方法

由于创业过程的复杂性与动态性，适合采用质性研究方法，因此，选择扎根理论，该方法是由Glaser和Strauss提出的一种基于经验资料的、自下而上建构理论的质性研究方法，基本分析步骤依次为：资料收集、对资料进行开放式编码（Open Coding）、主轴编码（Axial Coding）、选择性编码（Selective Coding）。

5.2.2　研究样本

根据案例研究当中的理论取样原则，样本筛选条件为：①创业者来自高校或科研院所，属于理工科；②创业者创办的企业属于高技术行业；③创业时间超过3年；④根据企业的成长周期，分别选择处于初创期、成长初期、成长期、成熟期四个阶段的企业。按照上述遴选原则，本研究在京津两地范围内选择了五家创业企业作为为研究样本，见表5-1。

表5-1　案例基本情况

企业名称	创业者	所处阶段	主营业务
AC	L教授	初创期	高档防腐涂料、金属添加剂材料等

续表

企业名称	创业者	所处阶段	主营业务
LH	W老师	成长初期	导电银粉
YG	G教授	成长期	遥感数据采集与处理、无人机航测等
LJ	X老师	成长期	数据存储
RL	W老师	成熟期（已上市）	高分子材料抗老化化学助剂

（注：为了保护研究样本的隐私，本研究中所涉及的公司名称及创业者姓名均用字母代号代替，创业者的姓名也以姓氏字母代替。）

5.2.3 资料收集

资料收集过程分为两大部分，分别为深度访谈与创业过程实录，其中，深度访谈是指对创业者的访谈，访谈主题是对创业过程的认识，根据提前拟好的详细提纲进行深度访谈。创业过程实录主要是跟踪案例谈判过程，即创业者为了企业发展而与政府、投资人、合作企业之间的沟通、谈判活动。资料可靠性保障措施包括：①征得受访者同意之后进行访谈录音，访谈结束后及时将录音材料还原为文字材料；②结合录音重新梳理访谈笔记，如存在疑问，及时与访谈对象进行沟通确认。

5.3 案例分析及模型构建

借鉴多案例研究思路，本研究首先选择了案例跟踪时间最长、数据资料最丰富的个案对象开展详尽的单案例分析，然后对其他个案对象开展有针对性的资料分析，通过不断修正及完善理论，最终达到理论饱和。

5.3.1 AC企业的案例分析

1.开放式编码

本研究将原始资料进行深度分解，并将具有重要性的内容标示出来，通过初步归纳、整理、命名，共得到57条标签、30条概念、14个范畴，表5-2节选了部分编码（注：为了节省篇幅，每条概念只节选了一条对应标签）。

表5-2　AC案例的开放性编码示例（部分）

个案资料（贴标签）	编码过程		
	定义现象	概念化	范畴化
L教授辞职创业前是新加坡××大学的教授，是行业内国际顶级期刊编辑，入选国家“××计划”（a1）……在项目推广的过程中，专家的身份还是比较有优势的，人们觉得比较可信（a2）……××计划、海归人才的身份让L教授获得了一些政府的人才引进补贴，接触了更广、更优质的人脉关系（a3）	a1.学术水平高，在学术界有一定威望 a2.在项目推广过程中有影响力 a3.有更多的机会接触政府资源及其他社会资源	A1.学术威望 A2.影响力 A3.人脉资源	AA1.学者禀赋
其中一位成员的父亲是某重要项目的负责人，急需解决海洋防腐领域的技术难题（a4）	a4.由一定的事件引导出的创业行为	A4.创业导火线	AA2.创业导火线
L教授的团队接下了任务，并成功地发明了这种材料，申请了专利（a5），属于国家重大技术攻关项目（a6）	a5.学者持有某项技术 a6.技术确实拥有一定的先进性	A5.有技术成果/专利 A6.技术先进性	AA3.技术持有
“现在世界钢材储量已经不足了，这是一个全人类要面临的问题（a7）……所以我们要将这项技术转化出来……（a8）”	a7.以解决世界技术难题为己任 a8.有进行创业的意愿	A7.创业动机 A8.创业意愿	AA4.创业意愿
“我们耗时十年才将这项技术研发出来”（a9）	a9.在实验室完成的可行性验证	A9.技术可行性	AA5.基础研究
L教授认为自己的技术可以应用于石油化工、3D打印材料、汽车涂层、高端涂料等诸多领域（a10）……“这项发明真的太有价值了，我觉得一定要转化出来，可以解决当前很多解决不了的技术问题”。（a11）“当时就要签订单了，有1亿元呢，结果发现跟我们合作的这家企业欺骗了我们（a12）。他们一直对外说整个专利技术都是他们的，可核心的技术明明是我们的，后来对方发现了这件事，取消了合作”（a13）	a10.对技术应用方向的认知 a11.对自我的认知，认为自己能够将技术转化出来 a12.对市场风险的认知 a13.对合作方的人性认识	A10.技术认知 A11.自我认知 A12.风险认知 A13.人际关系认知	AA6.创业认知

续表

个案资料（贴标签）	编码过程		
	定义现象	概念化	范畴化
一次偶然的机会，AC企业与一家企业合作生产出了一种高端涂料，解决了石油领域的一个技术难题，因此计划成立一个高性能涂料企业（a14）	a14.能够解决某个具体应用问题，识别潜在的创业机会	A14. 机会识别与抓取	AA7.机会识别与抓取
L教授的产品从理论上验证了能够应用于石油化工、3D打印、汽车、金属添加剂等多个领域（a15）	a15. 探索技术的潜在应用方向及可行性	A15. 应用方向探索	AA8.应用研究
创业前几年，L教授并没有聚焦于涂料这一个领域，而是想在3D打印、汽车涂层等七八个领域进行尝试，花费大量精力与这些市场领域对接，洽谈合作意向（a16）	a16. 为了打开市场而采取的创业行动	A10. 广撒网式的市场寻找策略	AA9.创业策略
“现在确定了方向，是要在铝合金中添加我们的配方……今年没什么销售收入，主要都用来研发了……需要不断地调试加人的比例，看什么样的比例能够满足对方的需求”（a17）“以前是想把我们的涂料应用于石油化工，可是发现油田系统不是那么好进”（a18）	a17.当技术应用于某个具体方向时，进行有针对性的实验，确定参数 a18. 认识市场壁垒	A17. 确定生产参数 A18. 认识市场壁垒	AA10.产品研究
“这几年我真是把自己的全部资产都投进去了，车子、房子全部都抵押了”（a19）（a20）虽然很多合作都没有谈成，但L教授从来没有放弃，一直不断地尝试（a21）	a19.将自己所有财产都投进去 a20.想要拼搏一把的勇气 a21.面对挫折时的坚韧态度	A19. 巨大的资金投入 A20. 破釜沉舟的勇气 A21. 坚韧性	AA11.创业意志
“真的要进入市场并不是那么简单，产品出来了，是否能够大规模生产？最佳的生产参数是多少（a22），如何在生产中进行管理（a23）都需要摸索”……在前几轮融资路演会上，L教授提出的商业模式（a24）投资人都不太满意……对于市场容量的估计也不够充分（a25）	a22.最能够节约成本的生产参数摸索 a23.生产管理 a24.商业模式设计 a25.对市场前景、市场容量的认识	A22. 最佳生产参数 A23. 生产管理体系 A24.商业模式 A25. 市场前景分析	AA12.商品研究

续表

个案资料（贴标签）	编码过程		
	定义现象	概念化	范畴化
L教授认为这些方向市场潜力巨大，能够马上投产，因此希望尽快融资(a26)……“通过××计划、重点项目经费来支撑这段时间的研发”（a27）“投资人投了2 000万元（a28）”“我不太倾向于银行贷款，更希望有共同理想的人聚在一起（a29）”	a26. 融资需求判断 a27. 财政补贴及项目支撑 a28. 股权融资 a29. 债权融资	A26. 对融资需求的判断 A27. 政府资金支持 A28. 股权融资 A29. 债权融资	AA13. 资金要素
L教授获得了一定数量的融资，但目前仍处于产品测试阶段，还没有获得销售收入（a30）	a30. 创业取得的成绩/收入	A30. 创业绩效	AA14. 创业绩效

2. 主轴编码

开放式编码得到了彼此独立的范畴，需要通过主轴编码探索范畴之间的潜在逻辑关系，通常做法是运用因果条件——现象——脉络——中介条件——行动/互动策略——结果这一典范模型，将得到的范畴继续归类，建立逻辑连接后得到一条证据链，如图5-1所示：

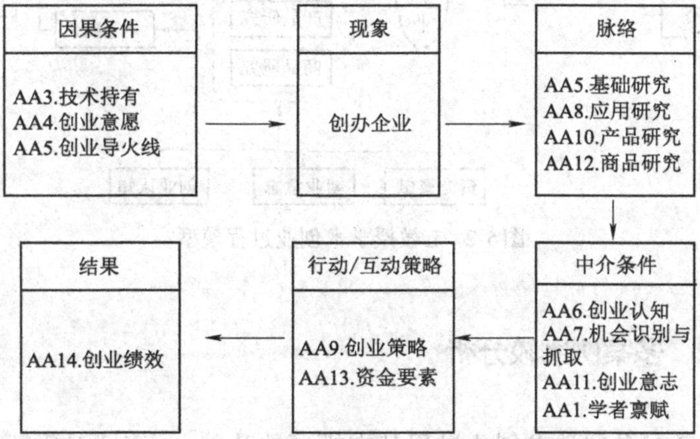

图5-1　L教授学术创业过程的典范模型

3. 选择性编码

上述典范模型展示了学术创业过程的基本框架，需要通过选择性编码进一步了解内在机理。在选择性编码步骤中，研究者将某些核心范畴与其他范畴建立联系，验证它们之间的关系，并将概念化尚未形成的范畴补充完整，最终，得到一条比较清晰的故事线：L教授在得到一个创业导火线（邀请其进行技术研发）后，开始了漫长的基础研究。当基础研究完成之后，获得了技术发明专利，真正持有这项技术之后，想把这项技术转化出来，形成了明确的创业意愿。L教授将这项发明探索更多的应用方向，并从理论上验证了这项技术应用于多领域的可能性，由此正式开始创业。在这个过程中，L教授通过一次合作，开发出了一种高端涂料，初步打开了进入市场的门路。借助于L教授自身的学者优势，再加以坚强的创业意志和个人的创业认知，逐渐地在市场道路上开始摸索。在这个过程中，L教授实际上自然地遵循着技术创业特有的规律，从基础研究到应用研究、产品研究以及最后的商品研究的过渡。为了开拓市场，L教授需要采用一些创业策略，同时需要不断地获取资金，以期能够形成良好的创业绩效。L教授学术创业过程模型如图5-2所示：

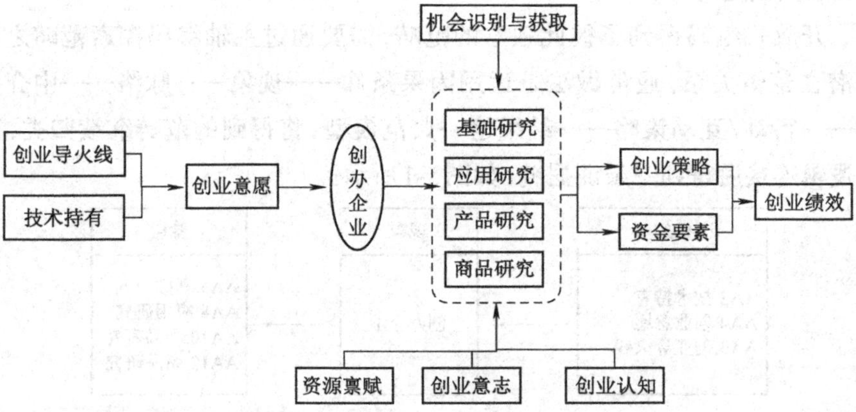

图5-2 L教授学术创业过程模型

5.3.2 多案例比较分析

研究者在得到学术创业过程基本模型的基础上，继续对后续个案进行比较分析，以此保证理论达到饱和。本研究到第三个案例时，基本已经达到理论饱和，没有出现新的维度，最后两个案例用于验证理论饱和度，最终证明该模型具有良好的饱和度。修正后的范畴及概念标签见表5-3：

表5-3 范畴修正和整合结果

序 号	范 畴	来源说明	概念标签
1	技术持有	—	有技术成果/专利、技术先进性
2	创业导火线	—	创业兴趣激发事件、创业机会激发事件
3	创业意愿	—	创业动机、创业意愿
4	创业规律	将基础研究、应用研究、产品研究、商品研究四个阶段进行整合	基础研究、应用研究、产品研究、商品研究
5	机会识别与获取	—	机会识别、机会获取、创业行动
6	资源禀赋	—	技术背景、影响力、人员优势、经验条件、其他社会资源
7	创业素质	将创业认知、创业意志、创业策略整合成一个范畴	创业认知、创业意志、创业策略
8	创业要素实现	增加技术要素、人才要素、治理机制	资金要素、技术要素、人才要素、治理机制
9	创业绩效	—	融资情况、市场情况

基于五个资料的案例分析，可以对学术创业过程进行大致描述：

（1）作为因果条件的技术持有与创业导火线这两个核心范畴是引发创业意愿，从而产生学术创业行为的重要因素。

（2）创业规律是学术创业过程的关键脉络，所有的创业认知与行动都是自然地遵循这一规律，即从基础研究到商品研究的过渡。

（3）机会识别与获取、创业素质是创业过程中最重要的中介条件，能够快速、准确地识别获取商业机会是企业立足的关键；在这个过程中，需要学术创业者建立健全的创业认知体系、提高创业意志力、采取恰当的创业策略，这样才能保障创业活动的持续性。

（4）学者的资源禀赋对于创业有天然优势，在创业过程中发挥、应用好这些优势，是创业成功的有利条件。

（5）创业过程是不断实现资金、人才、技术、治理机制等多要素整合的过程。

（6）是否能够融资成功、商品能够在市场上获得多大的市场空间等都是衡量是否创业成功的重要指标。学术创业过程模型如图5-3所示：

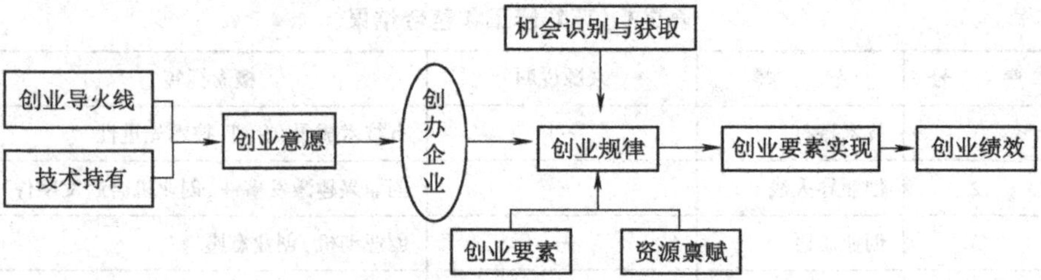

图5-3 学术创业过程模型

5.4 模型阐释及主要发现

5.4.1 学术创业过程的关键过程

1.学术创业基础

学术创业的开展需要三方面的基础：一是作为创业者所具备的技术条件；二是引发创业意愿及创业机会的创业激发事件；三是创业者自身的创业意愿。

（1）技术持有

技术持有是指创业者是否持有自有技术发明专利，以及这项技术所达到的水平、是否具备技术转化的客观条件。

（2）创业导火线

本研究所提出的创业导火线是指一个或一组为创业者打开创业思路或提供创业机会的激发事件，它并非一个直接能够实现盈利的机会，而是一个创业行为的前置条件，与创业机会的概念有本质的区别。例如，AC公司的L教授，受到委托而开展研究，由此激发了L教授后期想把这项技术融入市场的创业意愿，委托这一事件就属于创业导火线；RL公司早期是校办工厂，当时学校鼓励科研人员创业，并且学院里当时有一项技术需要转化，机缘巧合下由王老师带队做了这个事情，这一事件就是创业导火线；YG公司属于院地合作企业，当时签订院地合作协议就是创业导火线。

（3）创业意愿

创业意愿是指学者是否有创办企业的意向，以及创业的动机。首先，只有具有相当创业意愿的潜在创业者才真正有可能从事创业活动，否则即使基础条件再好也不会有后续的创业过程；其次，创业动机直接影响学者的创业意愿。研究发现，社会动机是学者创业的一个重要动力，社会动机是指使科研成果服务于社会的意愿。在调研过程中，绝大部分创业者都提到了一个观点："这项技术解决了某某领域的某某难题，而这项技术国外对国内是封锁的。"在学者创业者身上体现一定的爱国主义情怀，这一点在国内许多同类研究中也得到证实。

2.创业规律

技术创业企业必须经历基础研究、应用研究、产品研究、商品研究四个阶段，只有使基础技术变成商品才能真正走入市场，获得市场回报。

基础研究阶段是对某项技术进行攻关的阶段。例如，L教授用十几年的时间对这项技术进行艰难攻关，获得的是技术在理论上的可行性；后来结合具体的应用方向在海洋防腐、3D打印等领域的探索，属于应用研究。

产品研究与商品研究有着本质的不同，但是其中存在的差别往往被多数创业者所忽视。L教授在应用研究阶段，通过大量实践，最终确定了与铝合金混合生产高性能的铝合金材料为产品方向。在这个过程中，L教授需不断测试在不同需求下原材料与铝合金的最佳混合比例，控制生产成本等，反复进行小试和中试，而且需要对这些产品能否进入市场进行充分的探索，只有这些问题得到充分解决，才能顺利地过渡到商品研究阶段，以产品原型状态进入市场只会处处碰壁。商品研究阶段则是在有了较为成熟的原型产品之后与市场对接充分的阶段，这个阶段需要对产品研究过程中所涉及的工艺流程、生产管理、生产成本等内容进行全面优化，从而获得最佳生产参数，实现批量生产；此外，还要进一步完善商业模式、充分考察市场容量、人力资源的需求状况以及对企业进行估值等。

这四个阶段应当循序渐进，尤其是产品研究阶段不可忽视。一旦跳跃，企业将由于无法适应市场，仍需投入大量资金进行产品研发，而此时企业状况很难获得金融机构青睐，导致企业周转困难，陷入严重资金瓶颈，甚至企业破产。

3.创业机会识别与获取

在创业实践中，创业机会是创业过程的核心要素，如何发现、开发创业机会是创业研究领域中的关键问题，是创业者评估机会以及开发机会等其他创业行为的先导。创业机会的识别与获取是企业能否开拓市场的关键，创业者既要有敏锐的创业机会识别力，又要有足够的创业行动力，及时创造条件制造机会、抓住机会。例如，RL公司在极度困境的情况下，偶然在报纸上看到了产品需求广告，迅速开展实验，试验成功后将原型小样寄给对方，初步获取对方认可之后，又加紧了合作，由此获得了第一桶金。

4.学者资源禀赋

创业是基于企业家资源禀赋演变的机会驱动行为过程，创业者的资源禀赋差异是导致微观层次创业行为异质性的根本原因。本研究发现，在学术创业过程中，学者创业者最重要的资源禀赋包括技术背景、专业影响力、人员优势、经验条件以及其他社会资源五个方面。

（1）技术背景

技术背景是指创业者所持有的技术是否先进，以及市场前景如何等。显然，如果创业者确实持有高新技术则意味其拥有更多的潜在创业机会，但是创业机会能否识别还取决于创业者自身素质等因素。

调研发现，不同的技术背景会带来不同类别的创业机会，如中科院、海外知名高校和科研院等科研院所出身的创业者，更容易获得一些政府专供等门槛非常高的创业机会。例如YG公司主要客户群就是政府，能够获得非常稳定的市场资源，创业机会相对更为丰富，潜在资源也相对更多。相比之下，普通高校及科研院所的技术创业者则更偏向普通客户。

（2）影响力

影响力是指创业者自身在行业内、领域内的地位。首先，创业者有强的影响力，有助于创业者吸引优秀的人才和优质的合作伙伴；其次借助创业者在行业中的地位，在一定程度有助于提高企业的影响力。但是，在调研中发现，影响力的作用是比较有限的，在开拓市场的过程中，客户更加关注产品是否符合自身需求、性价比等方面。

（3）经验条件

经验条件是指创业者的经验结构，包括是否有创业经历、企业任职经历以及学术经验等。有研究发现，创业者社会交往面广、交往对象多样化的创业者更容易发现创新性更强的机会。经验条件虽非学术创业的必要条件，但其经验特征会影响创业的成功率和创业企业的风格。

（4）人员优势

学术创业者脱胎于高校或科研院所，有极佳的科研条件和科研团队支撑，因此在创业过程中，容易找到适合的技术合作伙伴或技术人员。例如，YG公司的大部分核心技术人员都来源于中科院。另外，学术创业者凭借自身的影响力，在招募其他人员时也具有一定的优势。

（5）其他社会资源

其他社会资源是指对创业者和创业项目有帮助的一切资源。例如，有的创业者可能与政府部门建立了良好的关系，有一定的金融资源和上下游客户资源等，这些资源对于创业者在开拓市场、发展企业的过程中都有良好价值。

5 创业素质

（1）创业认知

创业认知是创业者对商机、风险资金和企业成长等关键的创业问题进行评估、判断与决策的知识结构。创业认知范围不断扩大，有助于创业能力的提升。

本研究认为，创业认知包括创业者对创业过程以及自我的认知。对创业过程的认知包括市场认知、管理认知、关系认知等商业方面的认知；自我认知包括对自我能力方面的认知。第一，商业认知包括对基本的企业管理、市场、行业等方面的认知，但是作为技术创业者，通常具有理工科背景而非商科背景，因此难免存在商业认知不足的情况，如果创业者能够获取并运用创业管理支持，则有助于提升企业绩效。第二，是对自我的认知，创业者应客观地认识自己是否适合创业，在创业过程中应当扮演何种角色，否则创业困境会引起认知冲突，不利于身心健康，对企业发展也有影响。

（2）创业意志

由于创业活动本身非常复杂，尤其是创业者面临从学者向企业家的角色转变，诸多的尝试与挑战都会产生很大压力。创业意志是指创业者在进行创业活动以及面对创业挫折时表现出的意志力。创业者在开展创业活动时要面临各种状况，经常出现资金不足、市场无法打开、人员矛盾等问题，而坚强的创业意志是解决这些问题的必要条件。

（3）创业策略

创业策略是指创业者在创业过程中为了实现某个目标而采取的方式，对于创业过程关键事件的决策有直接影响。实际上，创业策略受到创业认知和创业意志的影响，丰富而广泛的创业认知有助于创业者找到恰当的创业策略。例如，RL公司面临是否要被国际巨头收购的抉择，创业者结合自身的创业认知，包括公司发展状况以及行业状况等多方面的认知要素，最终选择了国内上市的创业策略。

6.创业要素实现

创业要素是指创业者在创业过程中持续需要解决的问题，包括资金、技术和人才等诸多方面。

（1）资金要素

学术创业的资金要素实现主要包括三个渠道：一是银行借贷、天使投资、风险投资等金融工具；二是政府补贴，主要包括科技型企业认定及补贴、人才奖励以及科技立项等形式；三是市场回报，即企业获得销售收入。但是，相当一部分技术创业类企业在2~3年内容易陷入破产的死亡陷阱。

（2）技术要素

技术要素是技术创业的关键，学术创业实现技术要素持续创新性主要有三种模式：一是完全脱胎于母体进行单独创新，这种方式比较灵活，但是创业企业承担的风险大；二是与母体签订协议，由科研院所开展基础和应用研究，创业企业负责产品和商品研究，这种方式节约了创业企业的创业成本，但是一般只有大院大所才有条件实施这种模式；三是与下游目标企业共建研究院，让目标企业分担产品研究成本，这种方式有助于提高目标企业的创新性，保障创业企业市场销售有的放矢，但对目标企业的实力要求较高。

（3）人才要素

人才要素是指在创业过程中技术、管理、财务等方面所需要的人力资源。学术创业企业通常是技术持有者担任企业总经理或董事长，同时带领团队的部分核心成员进入企业，对于团队凝聚力有一定优势，但也存在管理能力相对欠缺的风险，职业经理人与学术创业者之间尚未形成共同偏好。

（4）治理机制

治理机制是初创企业初始制度的基础，主要包括对企业剩余索取权和控制权的配置。企业内部缺乏清晰的股权分配，是很多企业难以成长的关键性原因。但是，在访谈中发现，有相当一部分学术创业者并不愿意在创业之初明晰股权分配，他们认为随着企业的发展，股东、骨干等贡献可能都会发生变化，因此应当预留多少股份用于人才培养和激励等问题都不够清晰。

7.创业绩效

创业绩效是指创业者的创业过程取得了何种创业成绩，例如订单数量与规模、产品销售收入规模、公司人员情况、是否建立了相应的管理规章制度、融资规模等。

5.4.2　主要结论

本研究运用扎根理论研究方法，以五位学术创业者为研究样本，开展归纳性分析，构建了学术创业过程理论模型，该模型包括技术持有、创业导火线、创业意愿、机会识别与获取、创业规律、创业素质、学者资源禀赋、创业要素实现、创业绩效等九个关键要素。本研究的主要贡献包括三个方面：

（1）丰富、细化了创业过程的研究领域。研究聚焦于高校科研人员的创业过程是对创业过程理论研究的细分与深化，能够帮助创业者增强创业认识，提高创业成功率。

（2）基于技术转化特征提出动态性与复杂性相融合的学术创业过程理论模型。结合科技创业特征，按照技术转化的特征提出更具针对性的创业阶段划分标准，并挖掘学者资源禀赋在不同阶段的作用机理，即在学术创业领域提出一种新的且动态性与复杂性融合的创业过程理论模型。

（3）剖析学者资源禀赋在创业过程中发挥的作用。本研究探索了学者创业者自身资源禀赋带来的创业异质性，从系统化的角度归纳学者创业者的资源禀赋特征，探索学者特征对学术创业过程的影响机理，从而为创业者提供一定的理论参考。

本研究还存在以下不足：一是由于研究条件限制，本研究选择的样本量比较少，未来以进一步扩充研究样本，使结论更具普适性为目的；二是尚未深入开展学术创业过程理论与政策匹配方面的研究，未来可以增加理论成果与政策的互动，设计一套适合国情的科研人员创业管理、引导、激励机制，从而为促进科研人员创业提供更多决策参考。

6

基于院地合作的学术创业模式

6.1 基于院地合作的学术创业模式产生背景

6.1.1 院地合作背景

2016年4月，国务院办公厅发布了《促进科技成果转移转化行动方案》，再次明确提出促进科技成果转移转化是实施创新驱动发展战略的重要任务。在当前经济情况下，对科技创新拉动经济社会转型升级提出了更高要求，如何继续加强科技成果落地转化成为高校和科研院所需要进一步思考的重大问题。中科院作为我国自然科学的最高学术机构，掌握着代表国家最高科技水平的大量科技成果，其成功的科技成果转移转化模式无疑能够给各大高校和科研院所起到良好的示范作用。

自1998年批准中科院实施知识创新工程试点起，中科院就将院地合作作为实现服务国家、造福人民使命的重要途径。院地合作模式是指中科院与地方政府、企业、大学和科研机构之间进行的合作，它将全国最优质的科技资源与区域经济发展结合起来，通过政府推动，促进了科研院所、企业与金融机构之间的协同发展，是打通科技与经济社会发展通道的重要手段之一。近年来，中科院已有59个研究所的600余项技术成果在河南转移转化，为企业新增销售收入300多亿元，位列全国第三，仅次于江苏和广东。

6.1.2 院地合作的含义

院地合作自实施以来，一直在实践层面不断发展，近年来推出一批科技成果转移转化专业服务平台，并与地方共建研发基地等，帮助科研人员走出象牙塔，把手中的科学技术转化为现实生产力。例如，潍坊高新区的潍坊蓝色智谷是典型的院地合作模式，并已经升级为3.0模式。1.0模式为企业、中科院点对点对接合作，仅是引入了研究机构或专家，进行个案式合作；2.0模式为院地合作+分支机构+产业联盟式合作，由地方政府在地方建立中科院的分支机构；3.0模式为成果转化+产业园区+公共平台+科技金融的新型产学研合作模式，本研究认同这一观点。

虽然院地合作实践历史较长，但理论研究相对较少。自1998年以来，逐步出现了院地合作的研究，主要是分析院地合作的主要模式及地方院地合作模式介绍，这一研究视角随着院地合作的深化开展一直存在，目前主要包括部署院地合作科技专项工程、共建院地合作机构、科学传播与普及、科技成果转移转化、院地合作人才交流与培养五种模式，并且效果良好。另一类视角，主要是一些学者对院地合作应当如何更加有效开展的思索，如探索新的模式、构建人才培养机制等。总体来看，关于院地合作的研究较为分散，并未形成较为完善的体系，且描述性研究居多，学术性意义不强。

根据多案例研究思路，本研究首先选择院地合作开始最早、数据资料最丰富的个案对象开展详尽的单案例分析，再通过不断修正及完善理论，最终达到理论饱和。

6.2　MK公司的案例分析

6.2.1　开放性编码

首先，对原始资料进行深度分解，再将具有重要性的内容标示出来，通过初步归纳、整理、命名，共得到53条标签、33条概念、14个范畴，表6-1节选了部分编码（注：为了节省篇幅，每条概念只节选了一条对应标签）。

表6-1　MK公司的开放性编码示例（部分）

个案资料	编码过程		
	定义现象	概念化	范畴化
“中科院的技术必须是前瞻的，但却势必会造成和市场的距离”（a1）	a1. 基础技术与市场存在距离	A1.市场距离	AA1. 基础技术研发
“我们的技术是2001年研究出来的”（a2）	a2. 技术研究成果	A2.技术成果	

续表

个案资料	编码过程		
	定义现象	概念化	范畴化
“在有原型产品之前，根本不敢花钱，必须等所有的原理都通过了才敢开始大的投入”(a3) “我们的技术到2003年有了原型产品”(a4)	a3. 原型成果的必要性 a4. 原型产品成型	A3. 原型产品研究 A4. 原型产品成型	AA2. 原型产品研究
“2004年尝试在市场上应用，取得效果还不错”(a5) “但是对于科研院所而言，是不适合卖东西的，只能以合作项目的方式试探性地出售产品，我们发现产品是可行的，但是方式需要改变”(a6) “在有原型产品之前，根本不敢花钱，必须等所有的原理都通过了才敢开始大的投入”(a7)	a5. 尝试进入市场 a6. 科研院所性质与市场的矛盾性 a7. 原型研究结束后仍需要大量费用	A5. 进入市场 A6. 脱离科研院所的必要性 A7. 研发费用	AA3. 市场应用研究
“2005年我们成立了一个小公司，从所里脱离出来，目的是让技术能够彻底地产品化”(a8) “我们从2006年开始一直到2013年推出了第一版产品，用了8年的时间，到2014年才出的第二版”(a9)	a8. 脱胎中科院成立公司 a9. 更新不同产品版本	A8. 公司化 A9. 更新产品版本	AA4. 产品化
“2005—2007年在市场上试探性出售产品，市场反响不错”(a10) “正是2005—2007年这段时间的探索，验证了我们的发展方向，2008年初公司开始运营，确定了两个主要发展方向，有了SS和BV两条产品线，算是完成了从核心技术到原型系统再到产品化再到市场化的整个过程”(a11)	a10. 试探性出售产品 a11. 确定发展方向	A10. 试探市场认可度 A11. 确定发展方向	AA5. 市场反响探测及调整
“企业往往没有能力去接下中科研的研究成果，社会也难去支撑技术成果的转化……所以大部分技术都无疾而终了……”(a13) “国家的863计划、科技支撑计划的小企业基金、工信部配套的资金，几百万元对于创新企业而言，真的是杯水车薪”(a14)	a13. 产学研合作陷阱 a14. 强烈的资金需求	A13. 产学研合作陷阱 A14. 强烈的资金需求	AA6. 技术转化过程的资金断层期

续表

个案资料	编码过程		
	定义现象	概念化	范畴化
“2007年，中科院与天津市签署合作协议（a15），希望符合产业化成熟技术的企业落户天津市，而我们恰恰符合这个条件，恰巧当时我们也正想与VP公司和KF公司（注：该行业市场占有率非常高的两家公司）进行技术合作，几个契机合在一起，我们就成立了中科MK公司”（a16） “如果没有院地合作的机会，MK公司不会发展到现在”（a17）	a15. 签署合作协议 a16. 前期实力铺垫 a17. MK公司是院地合作的受益者	A15. 政策支持 A16. 实力基础 A17. 院地合作受益	AA7. 院地合作机遇
“我们到14年的时候，进行了组织架构的调整……为了缩短沟通路径，提高效率”（a18） “存货不是很大，基本上是订单式生产，有小部分的备货……客户方面也划分了信用等级，不同等级的客户赊账期限是不同的……”（a19）	a18. 优化管理 a19. 库存风险和客户风险控制	A18. 优化管理制度 A19. 风险管理	AA8. 管理需求
“担保我们没有用，主要原因是担保公司要求提供反担保或股权质押，我们考虑股权质押会影响股东权益”（a20） “我们在刚落户天津市时（前三年）有1 000万元引导资金支持、房租补贴、产业化专项资金支持等优惠政策，在产业化初期确实需要政府扶持，单靠企业自身的力量发展壮大确实非常困难”（a21） “我们在选择投资方时是非常慎重的，主要看中投资方在投后管理和市场资源等方面给我们带来的帮助，例如，VP在开拓美国市场时发挥了很大的作用；KF帮助我们在全球范围内推广试用；TY帮我们推荐了管理人才，提升了公司的管理水平”（a22） “作为轻资产企业，最有价值的是无形资产和人才资源，一开始贷款确实是非常困难的。但是，也有一些银行推出了与高新技术企业贷款合作的模式，比如上海银行有无形资产抵押贷款、浦发银行有投贷联动”（a19）	a20. 不用担保公司 a21. 政府优惠政策 a22. 股权融资 a23. 银行贷款较困难	A20. 担保 A21. 政府补贴 A22. 股权融资 A23. 银行贷款	AA9. 资金需求

续表

个案资料	编码过程		
	定义现象	概念化	范畴化
“我们的客户主要包括广电、视频监控、教育领域等，基本上都与政府有一定程度的相关”（a24） “销售方式是通过经销商，与经销商签单实现销售”（a25）	a24. 客户来源 a25. 销售方式	A24. 客户来源 A25. 销售方式	AA10. 市场需求
“产品优势确实非常明显，在我们进入这个市场之前，国内基本上都是用的国外产品，我们打破了国外产品的垄断地位”（a26） “MK公司成立时，与中科院签订了合作协议，后续技术由双方以合作的形式共同开发，双方共有知识产权，并与研究所达成协议，研究所将技术仅引用于科研，不用于商业化目的，公司可以将技术产业化并实现收益”（a27） “我们的研发费用一直保持了较高的水平，一方面是针对现有的成熟技术，针对市场的需求和应用进行专门化定制；另一方面是为了保持技术的先进性，不断地将原型技术开发成产品”（a28）	a26. 销售方式 a27. 来自中科院的持续技术保障 a28. 公司内部持续技术研发	A26. 产品自身优势 A27. 中科院后续技术保障 A28. 公司内部研发力量	AA11. 技术需求
“中科院投资一部分核心技术和人才，这是十分必要的”（a29） “在MK成立之前，我们曾将一项成熟技术卖给一家企业，但是他们最终没有成功，因为发现没有后续支撑人员，技术还是变不成能够适合市场的产品……还有，因为技术的价值还没有经过实质性的市场验证，所以一般的企业是不敢贸然花大价钱去购买一项技术的”（a30） “既然是院地合作企业，我们很希望使用当地人才（否则员工两地奔波，人才容易流失），这方面政府可以提供一定的优惠政策，例如能够与当地的大学建立对口的人才输送通道，提供一些实习生补贴，吸纳当地大学的毕业生加入这类高新技术企业”（a31）	a29. 中科院投入人才 a30. 技术人才的必要性 a31. 当地人才政策支持	A29. 来自中科院的人才 A30. 技术人才的必要性 A31. 当地人才政策支持	AA12. 人才需求

续表

个案资料	编码过程		
	定义现象	概念化	范畴化
“我们现在在天津市的高新区软件园，但是那里的软件园氛围并不浓，还有一些生产性的企业在里面，产业聚集的效应不太明显，跟北京中关村还是有一定差距”（a32）	a32. 产业环境	A32. 产业环境	AA13. 产业环境需求
目前MK公司运营状况良好，启动上市计划，在2020年上市（a33）	a33. 市场化运作	A33. 市场化运作	AA14. 市场化运作

6.2.2　主轴编码

开放式编码得到的范畴是彼此独立的，需要进一步开展主轴编码来探索各范畴之间的关系。本研究运用因果条件——现象——脉络——中介条件——行动/互动策略——结果这一典范模型，对所获得的范畴进行归类、逻辑连接，最后得到一套证据链，如图6-1所示：

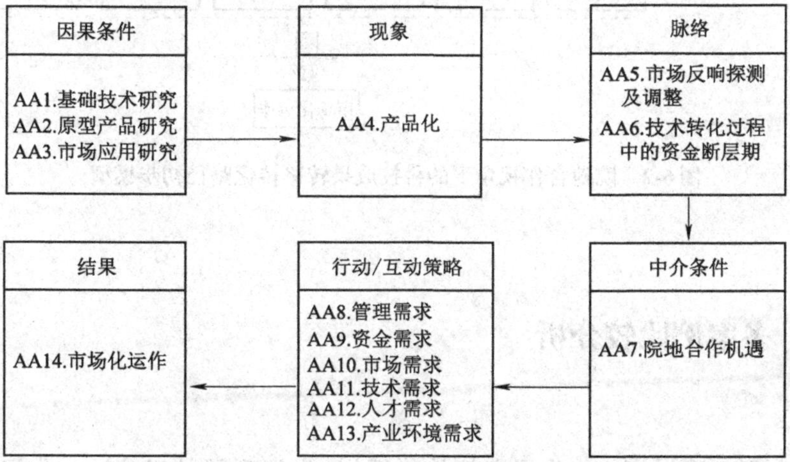

图6-1　MK公司基于院地合作的技术成果转移转化过程

6.2.3　选择性编码

本研究通过选择性编码，进一步梳理各范畴之间的内在关联，形成完整的逻辑关系，即称故事线（Story Line）：中科院××研究所首先进行基础的技术研发，在获得一定成果的基础上，为了实现科技成果转化，继续开展了原型产品研究和市场应用研究两个阶段。由于中科院的院所性质限制，MK公司的前身从中科院脱离并通过成立公司的方式，继续进行产品化阶段的研究，这个阶段也是科技成果转移转化最为危险的资金断层期。经过良好的市场反响探测，MK公司获得了院地合作机会，继续进行公司化运作。此时，政府、中科院、MK公司之间形成了协作关系，并以不同的形式满足院地合作过程中所产生的资金、人才、技术、管理、市场和产业环境等方面的过程需求，如图6-2所示：

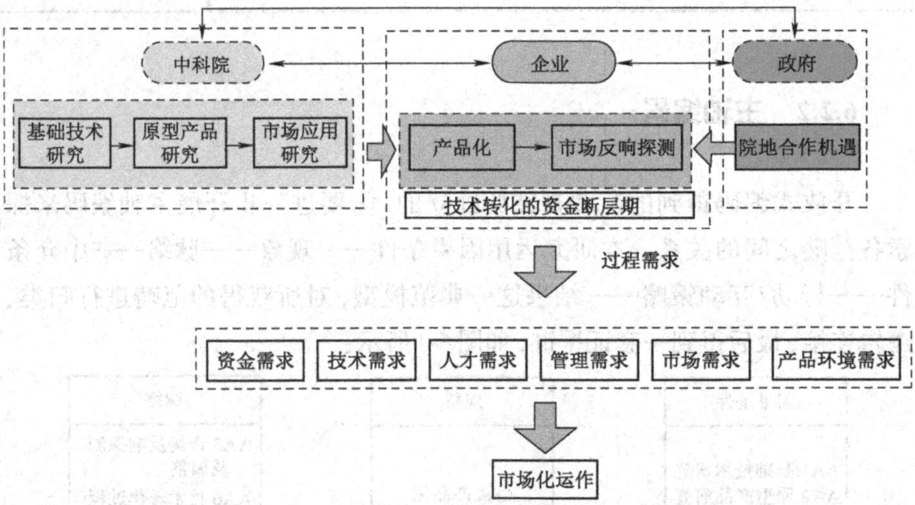

图6-2 院地合作视角下的科技成果转移转化路径初步模型

6.3 多案例比较分析

本研究通过对MK公司案例的分析，初步得到了基于院地合作视角的科技成果转移转化路径模型。为了使模型达到饱和，本研究继续对其他三家院地合作企业进行了详细分析，分析过程仍然遵循开放性编码——主轴编码——选择性编码的思路。研究者通过不断地比较分析，对原有模型的范畴和关系进行了修正和整合，用第四个案例进行了理论饱和度检验，结果显示并未再出现新的范畴，修正结果见表6-2：

表 6-2　所有案例的范畴修正和整合结果（注：斜体字为范畴内新增概念）

序号	范畴	来源说明	面向集合
1	中科院培育阶段	将基础技术研究、原型产品研究、市场应用研究整合到一个范畴当中	*基础技术研究、原型产品研究、市场应用研究*
2	公司化雏形阶段	将产业化（原为产品化，更新为产业化）、市场反响探测、技术转化过程的资金断层期整合到一个范畴当中	*产业化、市场反响探测、技术转化过程的资金断层期*
3	院地合作机遇	将市场环境需求这一范畴名称更新为产业环境部署，纳入院地合作机遇当中	政策支持、实力基础、*符合地方产业发展需求、产业环境部署*
4	资金需求		担保、政府补贴、股权融资、银行贷款
5	技术需求		产品自身优势、中科院后续技术保障、公司内部研发力量
6	人才需求	将来自中科院的人才与技术人才的必要性更正为领军人才与关键人才	*领军人才、关键人才*、当地人才政策支持
7	管理需求		优化管理制度、风险管理
8	市场需求		客户来源、销售方式
9	市场化运作		*上市之路、非上市之路*

修正模型图如图 6-3 所示：

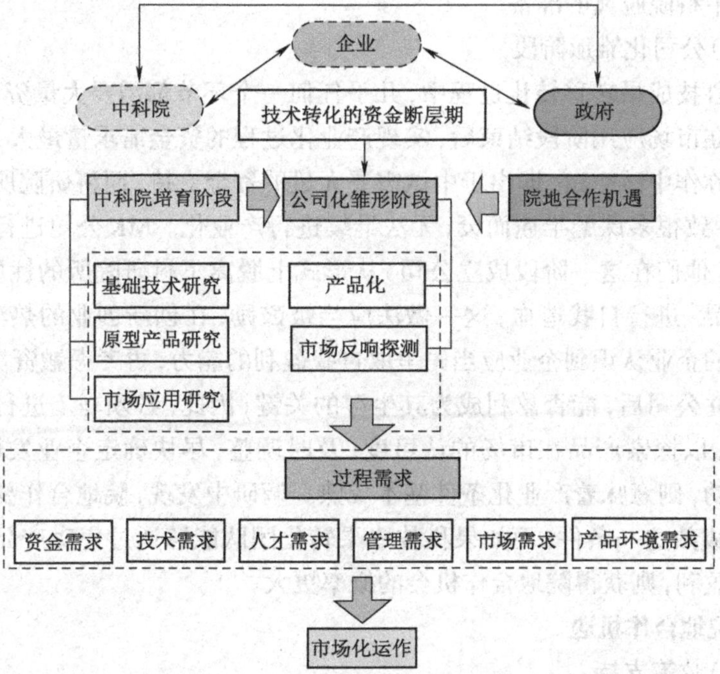

图 6-3　院地合作视角下的科技成果转移转化路径修正模型

6.4 基于院地合作的学术创业模式框架构建

6.4.1 模型阐释

1.技术→产品转化流程

技术→产品转化流程包括基础技术研发、原型产品研究、市场应用研究、产业化、市场反响探测五个阶段，其中前三个阶段适合在中科院完成，后两个阶段适合脱离中科院，以公司化形式完成。

（1）中科院培育阶段

首先，必须在中科院完成基础技术研究，技术先进性和广阔的发展前景是实施院地合作的必要条件；其次，原型产品研究阶段是技术成果向产品进行转化的必要过渡阶段，需要完成测试技术合格性、论证能否实现生产等任务；然后，将原型产品在市场上进行试探性销售，并根据市场需求反复调整产品，以期能够被市场所接受，该阶段所需要的费用仍然不菲，同时，已经出现科研院所的性质不便与市场直接对接的矛盾，促使科技成果转化团队做出从中科院脱离的准备。

（2）公司化雏形阶段

在科技成果转移转化过程中，几乎任何一个环节都需要大量资金支撑，尤其是在市场应用阶段结束后，实现产业化过程的资金需求量最大，这一现象也被称作中试空白，即由于中试需要大量的资金支持，而科研院所并无力支撑，导致很多课题半途而废，无法继续进行产业化。MK公司进行了很好的尝试，他们在这一阶段成立公司，从形式上脱离了科研院所的性质，尝试出售产品，进行自我造血，这一做法应当被鼓励，在创新创业的热潮下，越来越多的企业认识到企业应当先争取自我盈利的能力，再考虑融资。

成立公司后，能否盈利成为其生存的关键，因此，必须马上进行市场反响探测，以探索产品在市场的认可度，及时调整，尽快确定企业发展方向，如果成功，则意味着产业化条件基本成熟。调研中发现，院地合作要求符合产业化成熟这一条件，而如果科技成果转化团队能够通过售卖产品初步实现自我盈利，则获得院地合作机会的概率更大。

2.院地合作机遇

（1）政策支持

政策支持包括宏观和微观两个层面，从宏观上看，是指地方政府是否鼓励科技成果转移转化，是否能够结合地方政府的产业规划主动吸纳优秀的科技成果转化落地；从微观上看，是指地方政府能够给院地合作企业提供何种优惠政策，包括资金支持（如给予启动资金）、税收优惠（如税收减免）、场地优惠（如提供合适的场地、减免一定的房租）、行政手续简化等方面。

（2）实力基础

调研中发现，拥有先进科学技术能够带来经济效益，并且还能够带来潜在就业机会是院地合作企业在落地之前的共同特征。这意味着，通过院地合作进行成果落地的企业必须自身具备良好的产业化基础，最好已经初步经过市场证实，表明其有足够的市场空间和发展前景。例如，MK公司在院地合作之前，已经确定了企业发展方向，甚至已经找到了合作伙伴，恰逢院地合作机遇，帮助MK公司更快地从发展初期跨越到发展期；但MG公司开始院地合作时的自身条件则要弱于MK公司，院地合作开始后，仍然进行了较长时间的市场方向探测，自我盈利能力较弱，因此，获得的优惠条件也相对较少，发展较为缓慢。

（3）符合地方产业发展需求

符合地方发展需求是院地合作能否落地的重要参考因素之一，如ZJ、MK都属于电子信息行业，与天津市打造的产业定位相一致，因此天津市选中其作为院地合作项目；与之对应，由于天津市结合自身产业定位、区域优势资源，建立了天津市电子信息技术产业园，这种配套的产业环境，对这些项目也具有良好的吸引力，同时也能够在一定程度上吸引电子信息产业聚集。

（4）产业环境部署

本研究认为，产业环境对于院地合作能否顺利开展存在影响。一是良好的产业环境能够促进产业聚集，帮助实现行业内的上下游企业串联，有助于院地合作企业寻找合作伙伴，开拓市场；二是良好的产业环境有助于吸引专业人才，实现人才的良性流动；三是有助于打造区域品牌，促进当地经济发展，实现良性循环。

3.过程需求

过程需求是指科技成果在转移转化过程中所产生的实际需求，包括资金需求、人才需求、技术需求、产业环境需求与管理需求。

（1）资金需求

科技成果转移转化过程中需要大量的资金支持，其满足资金需求的路径主要包括担保、政府补贴、股权融资、银行贷款等。研究中发现，担保并不是院地合作企业青睐的融资方式，因为担保公司通常需要提供反担保或股权质押，而院地合作企业作为轻资产企业，对于股权非常敏感，因此并不愿意接受股权质押。

银行贷款对于院地合作企业并非易事，主要是受制于轻资产、风险大、制度不规范等方面的问题。但是，随着国家对创新创业事业的鼓励和推进，越来越多的银行机构创新了金融产品，推出了针对科技型创业企业的无抵押贷款、投贷联动等。

股权融资是院地合作中最为重要的融资方式，本次调研中的四家企业全部都使用了这一融资方式。一方面，院地合作中政府给予了一定的资金支持，需要专业的投资机构对资金进行管理；另一方面，院地合作企业本身青睐于股权融资，因为投资机构能够给企业带来资金支持，另外，投资方的战略视野以及市场资源的储备能力也是非常重要的因素。例如，ZJ公司的股东构成中包括民间资本，其能够为企业带来一些新的思路和活力；MK公司的国际出资伙伴拥有非常广泛的市场资源，不仅能够为企业提供资金，更多的是为企业带来了很多的潜在合作伙伴。

政府补贴是院地合作企业所享受的比其他科技成果转化企业更为优惠的条件，能够在一定程度上解决部分资金需求，缓解燃眉之急。近年来，政府资金的支持模式也在优化，促进资金使用效率最大化。

（2）技术需求

在开展院地合作之后，技术需求仍然是企业发展的核心。研究中发现，如果能够与科研院所建立良好的技术协同研发关系（如MK公司），可以减轻企业研发的压力，在院地合作之后，仍然由中科院负责基础研究，公司则负责将技术产业化，互利共赢；如果完全与中科院脱离合作关系（如MG公司）则研发压力将很大。但在这一过程中，企业与中科院应当将知识产权的归属予以合理约定，并签署协议，避免知识产权纠纷。

（3）人才需求

人员需求的实现包括领军人才、关键人才以及当地人才政策支持三个层面。本研究所界定的领军人才是指最初的核心团队，他们从科研人员角色向企业家角色转变，担负企业的发展使命，抑或被称作学术创业企业家。关键人才包括技术人才、管理人才等系列支撑企业发展的人才。例如，由于院地合作项目来自中科院，技术性程度往往高于其他科技型创业企业，因此，能否从原科研团队找到愿意共同开展科技成果转化事业的技术人才则尤为重要，否则技术转化难度很大。

这一问题也引起研究者对产学研合作的思考，研究者在调研中认识到，即使中科院向社会企业出售了非常适合市场化的技术，但由于缺乏专业技术团队的支撑，社会企业也很难将这项技术充分利用起来。另外，研究者在参加北京工业大学举办的技术论坛会议时，郑州大学王金凤教授也提到，在实际的产学研合作研究中发现，许多企业并不愿意购买学校的技术，因为企业与学校对某项技术的认知存在很大差异。

另外，当地人才政策支持对于能否吸引院地合作优秀人才的作用很大，尤其是落户政策、人才补贴、住房安置等关乎员工到地方生存质量的政策。

（4）管理需求

院地合作企业本质上是科技创业企业，创业者都是科研人员，管理经验不足，因此对管理方面的需求也非常强烈。研究中发现，院地合作企业满足管理需求的渠道主要有四：一是加强自身素质，核心团队成员担负公司管理职责；二是投资方介入，提供一定的管理服务；三是做好培养，从原有团队中培养或招募人员对管理能力进行专门的训练和培训；四是企业自行寻找职业经理人，由职业经理人代行部分管理职责。

（5）市场需求

企业如果在成立的2~3年内无法实现自我盈利，则容易陷入死亡之谷，因此，市场需求对于院地合作而言至关重要。研究中发现，一部分院地合作企业具有天然的市场优势，即能够与政府等合作，因此订单比较稳定，能够较为顺利地度过发展初期；但同时，也有部分院地合作企业没有这样的优势，需要自主开拓市场。

4. 市场化运作

市场化运作是指当院地合作企业度过发展初期后，选择扩大发展的方式。与绝大部分科技创业企业相似，院地合作企业会选择上市之路或非上市之路，目前新三板的进一步活跃为这类企业带来新的发展契机。本次调研中已经有一家上市公司，其他两家处于发展期的企业也准备挂牌新三板。

6.4.2　主要发现

本研究采用扎根理论研究方法，以天津市四家院地合作企业为样本，对院地合作视角下的科技成果转移转化路径进行了归纳分析，该路径包括中科院培育阶段、公司化雏形阶段、院地合作机遇、市场化运作等关键范畴。本研究的主要结论如下：

（1）从微观实践角度，系统分析了院地合作视角下的科技成果转化路径，补充了院地合作领域的研究范畴。院地合作项目脱胎于中科院，当达到产业化成熟条件时与地方政府合作，成立院地合作企业，开始科技创业过程，享受地方政府的部分支持政策和资金补贴。

（2）在进行院地合作之前，项目自身需先具备产业化成熟条件。由技术到产业化，包括两个阶段，首先是中科院培育阶段，依次需完成基础技术研究、原型产品研究、市场应用研究；其次是公司化雏形阶段，即当上一阶段完成后，产业化进程已经不适合在中科院内部完成，出现了中科院性质与市场对接的矛盾，需要成立公司尽快与市场对接，但同时，这也是科技成果转移转化项目最危险的资金断层期。

（3）院地合作机遇能够在一定程度上帮助科技成果转移转化项目熬过危险期，但项目必须具备良好的基础并且符合地方政府的产业规划才能获得这样的机会。同时，地方政府提供的优惠政策及执行力度、部署产业环境的优劣也会对院地合作项目发展状况产生影响。

（4）院地合作企业本质上也是科技创业企业，因此也存在创业过程需求，主要包括资金需求、技术需求、人才需求、管理需求和市场需求等方面。与普通科技创业企业相比，院地合作企业享受更多的政府补贴；可以与中科院继续保持研发合作关系，由中科院完成前期研究，互利共赢；部分院地合作企业的市场对象是政府等，订单较为稳定。

不足之处表现在：

（1）本研究的案例都是来自天津市，但各地执行的院地合作政策都有所差别，因此在推广性上还存在局限，未来研究应当开展范围更广的院地合作案例，从而使研究结论更具普适性。

（2）本研究只是从理论上探索了院地合作视角下的科技成果转移转化路径，对于院地合作政策的制定及执行力度等方面的涉及并不深入，未来研究中可以进一步探索制度环境对院地合作过程的影响，并提出决策参考。

7

学术创业行为地图理论模型构建

7.1 学术创业行为地图的研究意义

基于学术创业本身的内在价值与困境，本研究提出学术创业行为地图（academic entrepreneurship behavior map）的概念，从总体上描绘常见的学术创业行为轨迹，发现关键坐标，并总结在不同行为阶段所处的创业生态系统特征。

学术创业行为地图这一概念，相对还缺乏较为成熟的研究，但是，行为地图和创业地图的概念已经较为成熟。行为地图(Behavioral Mapping)主要应用于工业设计领域，是1970年由Ittlelson（爱特森）等人提出并发展起来的，行为地图是一种从时间、空间的角度，系统观察研究行为的方法，用于记录发生在所设计的建筑物中的行为，以帮助设计者把设计特点与行为在时间和空间上连接起来，其能够将抽象的用户数据转化为用户行为在时间和空间上的显像化联系，如图7-1所示。

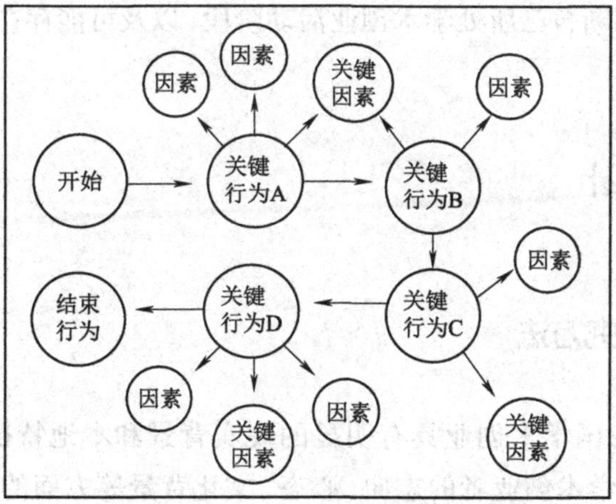

图7-1　行为地图法工作原理

在产品设计研究的过程中，行为地图法分别以人群和地点为观察单位，得到关于不同用户使用某产品的行为特性，从而挖掘并联系用户的相关行为数据，在关键行为分析中找到用户需求。

行为地图的理论同样可以应用到学术创业当中，因为学术创业不同于一般的社会创业，这个过程首先产生于高校当中科研人员的职务发明，从而产生一系列的创业衍生行为，这与行为地图的理念有相似之处，同样是发生于系统（建筑物）当中，如果想要更好地促进学术创业的成功，就需要识别科研人员创业的关键行为，并且优化关键行为所在的要素系统。

地图的概念在商业领域的应用也很丰富，比如，《21世纪商业评论》的主编吴伯凡提出了麻烦地图的概念，是指任何一个产品都是因某个或某些麻烦而做出来的，或者说任何一个产品都是某个或某些麻烦的解决之道。不过，多数关于创业地图的概念都是指商业计划书，比如韩树杰提出创业地图是一张需要持续迭代的动态地图。

本研究所界定的学术创业行为地图，是指描绘科研人员从持有职务发明开始，面对资源、市场、环境的不确定性，将持有技术进行商业化过程的关键节点及要素系统。当前学术创业的研究有了快速和深入的发展，但是缺少总体性描绘，比如学术创业的主干路径是什么样子的？是哪些因素影响了最终的走向？因此，研究学术创业行为地图理论框架的意义在于：①在社会层面，由于缺少成熟的理论框架，对于学术创业行为的客观规律和其中存在的关键节点认识不足，地方政府和学校学术创业的政策支持手段容易出现偏差；②在个体层面，提供理论参考依据，使科研人员在创业过程中，可以对照判断自己所处学术创业活动阶段，以及可能存在的风险、机遇。

7.2 研究设计

7.2.1 研究方法

现阶段，我国学术创业具有明显的现实背景和本地特征，比如创业氛围，政策条件，学术创业者的志向、心态、文化背景等方面的差异，因此，相对于发达国家还较为缺乏中国情境下的学术创业总体框架。并且，由于学术创业行为地图并没有成熟的理论，因此仍然需要通过质性研究构建新的理论观点。

本研究采取扎根理论的质性研究去向，基于多源访谈数据和NVivo11软件构建学术创业行为地图理论模型，总结学术创业行为的关键行为特征，以及行为演进的主要影响因素。

7.2.2　资料收集

根据Yin的理论取样原则，研究者对不同创业阶段、不同创业类型、不同行业的学术创业企业进行调研，包括2名持有专利技术但是并没有创业的教师、1个正在起步阶段的创业团队、3家院地合作企业、2家985高校脱胎的学术创业企业。

本研究的核心部分，所采用的资料来自实地访谈、项目跟踪、二手资料收集等多种方式，从多个渠道获取样本的相关信息，从而构建证据三角链，提高研究的信度与效度。采取多源访谈数据资料得到的信息能够相互补充和检验，有助于避免单一数据来源问题，提高研究结果的信效度。因此，在这些访谈中，有笔者对这些学术创业者的一手访谈资料，也有这些企业的相关媒体报道。

笔者对这几家学术创业企业跟踪了7年，从2015年到2022年。这些企业有的成长起来，上了科创板；有的企业经历过辉煌，但是最终没有越过死亡之谷；有的企业因为创业者自己的心态发生变化，所以陷入了困境。大家从这些企业的成长过程，可以对学术创业的难度和风险窥见一斑，具体样本情况见表7-1：

表7-1　受访者资料统计表

受访者代号	所属企业类型	职务/职称
A1	未创业	无/讲师
A2	未创业	系支部书记/副教授
B1	普通高校创业	院长（已退休）/教授
B2	普通高校学术创业企业	系支部书记/讲师
B3	院地合作企业	董事长/教授
D1	院地合作企业	董事长/教授

续表

受访者代号	所属企业类型	职务/职称
E1	院地合作企业	董事长/教授
E2	院地合作企业	总经理/高级经济师
F1	985高校创业企业	副总经理/高级工程师
G1	985高校创业企业	董事长/教授
G2	985高校创业企业	总经理/高级经济师
G3	985高校创业企业	财务总监/中级经济师

本研究从2015年开始收集数据，一直到2022年1月，在这期间，研究者与这些企业进行过平均3~5轮的深入访谈，共计25次深入访谈，访谈文本共计39.4万字；同时，在网络上搜集这些企业的公开信息和相关报告，共计4.8万字。

部分访谈题目展示如下：

（1）目前做的项目，是什么样的科技成果转化形式？你还了解哪些科技成果转化形式？为什么选择这种形式？

（2）如何理解样机到产品的距离？

（3）你们学校在学术创业方面有哪些创新？

（4）经过7年，您的企业现在处于这样的境地，您如何评价它？您认为它失败的原因是什么？

（5）您享受过哪些政策补贴？您觉得作用如何？

7.3 编码过程

研究者通过扎根理论这一定性研究方法对高校科研人员技术创业过程进行深入分析，从定性资料入手，对原始资料进行系统的分析和归纳，逐步归纳和提炼出构建理论的相关概念和范畴，并确定之间的联系，具体过程包括：对文本资料进行开放式编码（Open coding）、主轴编码（Axial coding）、选择性编码（Selective coding）三个步骤构建高校科研人员技术创业过程的理论，并采用持续比较（Constant comparison）的方式，对理论架构不断修正，直至理论饱和。

7.3.1　开放式编码

开放式编码是构建理论模型的首要环节，包括概念化和范畴化两个阶段，是对初始资料进行归类、比较和整合的过程，以提炼较强的概括性概念。研究者通过对原始资料进行全面梳理，将其中任何能够编码的句子或片段设置概念化标签，再将相关度高的概念进行聚拢，实现范畴化。

遵循扎根理论原则，本研究将原始资料进行深度分解，运用NVivo11软件对所筛选的文字进行逐一编号，并凝练标签进行开放式、主轴和选择性编码。编码过程中，通过专家意见咨询、反复思考和比较提取概念范畴，提炼核心范畴，最后结合范畴之间的联系自下而上地构建理论模型，这个过程共得到57条标签、20条概念、28个范畴。表7-2节选了部分编码，为了节省篇幅，每条概念只节选一条对应标签：

表7-2　开放式编码示例（按访谈资料编号顺序排列）

初始范畴	部分原始语句（初始概念）
技术持有	黑宝石就是我们发明出来的材料，当时把这个材料用在一个特定项目上（技术持有）
初始合作形式	我们现在的形式是技术开发，根据企业的需求，签订技术开发合同（签订技术开发合同）
公司载体	我在学校外面有公司的，不过也是需要跟一些小的企业来合作生产（公司载体）
商业化运作	我们学校里有生产线，不过也会跟外面合作，比如包装之类的（合作机构）
样机走向产品	样机那就太粗糙了，可能非常难看，也非常笨重……肯定要从各个细节打磨，才能成为产品（打磨产品）
产品固化	他们也在这个过程中不断调整他们的需求，最终把产品固化下来，硬件、软件不再更改，这样我们就能够给他们提供统一的东西（固化产品）
市场验证	目前做得比较成功的一个项目，他们已经批量化地向我们采购，已经成为商品，这个过程持续了大概有两年多，他们陆陆续续跟我们签订小的订单，10万~20万元的技术开发订单（产品能卖出去）
出售商品	我们现在卖的就是商品了，开的是增值税发票。我们有完整的产品标识、售源码等，所有的都是齐全的，算是一整套的成果转化了（商品化）
扩大市场	我们的主要客户是医院和体检机构，今年加上疫情，去开拓市场时是受到一些影响（开发市场）

续表

初始范畴	部分原始语句(初始概念)
创业活动停滞	唉,发射一个卫星好几亿元,融不来钱了(创业障碍)
市场份额扩大	十几年了,客户是一点点积累起来的(客户积累)
资本化运作	我们去年上了科创板(进入资本市场)
学科性质	我的研究领域属于基础研究,基础研究的成果没法商业化吧(学科性质)
研究类型	我一直做的都是应用研究,比如葡萄分拣器(研究类型)
所属行业	遥感就是通过发射卫星获取数据,很多数据是保密的,客户只能是政府(行业特征)
政策环境	那会儿赶上了院地合作的项目,地方政府给资金、场地、税收优惠(地方政策)
科技园	大学城这边建了一个大学科技园,帮助老师们对接项目,还是能提升老师们的积极性的。科技园会提供一些孵化服务,比如减免房租、税收优惠、对接外部企业需求等(科技园政策)
激励政策	我们学校出台了新的专利管理办法,由教师自己申请专利,向学校交10%的管理费,剩下的90%自有。教师可以给自己发绩效,通过这种方式,教师的积极性有了显著提升(高校政策)
学校支持	学校支持我们的,因为我们算是做得比较大的,所以在学校里有比较大的场地(学校支持)
创业团队	我从博士的时候就跟着我导师的团队做项目,现在也七八年了(科研团队)
科研目的	我申请专利就是为了评职称、结项,没有想过要进行商业化(科研目的)
职业发展定位	现在我们国家的(这项)技术还需要靠进口,我们有责任改变这样的状态(自我实现的目标)
个人见识	其实当时对行业还不够了解,以为遥感是很大的市场,但实际上,这是一个非常狭窄的市场(对市场的认识)
价值观	创始人的格局还是太小了,他总是想掌握全部,这导致公司内部内耗太严重了(企业家格局)
逆商	我还想再努力一把试试,把公司重组,如果能行就行,不行就真的救不活了(遇到失败时的态度)
创业能力	有一位老师从理工辞职到了苏州大学,他是做外骨骼装备的,去了苏州之后,很快就获得了Pre A 和Pre B的融资,他把股权控制得很好,股权被稀释得很少(股权保护)
处理专利的方式	我们有一位老师做的是医疗设备,做好专利布局后,去深圳创业,并且拿到了深圳市政府千万级的融资。他的专利布局做了很长时间(专利布局)

续表

初始范畴	部分原始语句(初始概念)
市场需求是核心逻辑	顾客并不关心是什么芯片,只关心使用时的感受是否舒服,以及品牌与个人之间的情感关联等。创业中的企业,必须去满足顾客的需求(市场需求)

7.3.2 主轴编码

研究者通过主轴编码,对开放式编码所得范畴进行进一步归纳,建立不同范畴之间的联系,发展主范畴;通过发展范畴的性质和层面使范畴更严密,并将各独立范畴关联;发现和建立范畴之间的潜在逻辑关系;通过归纳,形成了20个副范畴和3个主范畴,见表7-3。

表7-3 主轴编码分析

主范畴	副范畴	开放式编码提取的初始范畴	副范畴内涵
学术创业地图的关键路标	创业起点	技术持有	学者个人或者所在团队的技术持有
	找寻技术应用场景	签订技术开发合同、产品固化、市场验证	创业者要先找到技术转化合适的应用场景,将技术与市场需求初步连接起来
	稳定技术应用场景	扩大市场、创业活动停滞	进一步稳定、拓宽技术应用场景,实现企业化运营
	企业成熟运作阶段	市场份额扩大、利润增加、资本化运作	成功度过创业初期,已经成为发展期、成熟期的企业
学术创业的外在因素	学科性质	学科性质	基础学科,创业机遇相对较少;如果本身属于应用研究领域,则创业机遇相对较多
	所属行业	所属行业	不同行业创业的起始条件不同
	创业资源	学者所拥有的技术、创业团队、资金、人脉、市场等	如果资源条件比较充足,则创业的可能性也会更高
	学术创业环境	产业环境、人才环境	如果学者所在的高校以及地方政府较好地落实了学术创业政策,能够较好地鼓励和引导学术创业者创业
	创业团队	团队胜任力、团队向心力、团队异质性	团队是创业过程的必要条件

续表

主范畴	副范畴	开放式编码提取的初始范畴	副范畴内涵
学术创业的内在因素	职业发展定位	个人职业定位、自我发展定位	不同的职业发展定位，会让学者做出不同的职业选择
	个人见识	商业逻辑、市场前景、公司运营	见识水平越高，越容易产生创业行为
	价值观	个人价值主张、创业价值主张	个人价值观会影响企业价值观和企业使命
	心理因素	对成功的定义、情商、逆商	心理素质影响
	创业能力	对市场的理解与把握、创业机会的识别与获取	在科学家思维和企业家思维之间切换，能够真正理解和把握市场
	风险偏好	风险偏好类型	风险厌恶者更倾向于不创业或在岗创业
学术创业的底层逻辑	商业逻辑	市场需求是核心逻辑，经验主义与理性主义结合	学术创业的根本是创业，必须以市场需求为核心，符合商业逻辑
	融资逻辑	政策因素、所处发展阶段	受到政策、所处发展阶段等因素影响，学术创业企业的融资逻辑也会发生变化

7.3.3 选择性编码

选择性编码旨在将某些核心范畴与其他范畴建立联系，验证它们之间的关系，并将概念化尚未形成的范畴补充完整。本研究主范畴的典范关系见表7-4，通过对主副范畴和访谈资料反复思考和比较，发现所有的主范畴均能够代表不同特征，缺少任何一个范畴都无法容纳访谈资料的所有内容。

研究者通过选择性编码，得到了关于学术创业行为地图比较清晰的故事线：学者在技术持有的前提下，受到内因和外因的共同作用，在学术地图上走出独特的学术创业轨迹。学术地图存在四个关键坐标，依次是：技术持有、寻找技术应用场景、稳定技术应用场景和企业成熟发展。学术创业也是创业，在地图上行进也必须遵循其中存在的商业逻辑和融资逻辑。

表7-4　典范关系举例

典型关系结构	关系结构内涵
关键坐标——影响因素	内外部因素共同影响学术创业者在学术地图上的行进轨迹
关键坐标——底层逻辑	学术创业企业必须遵循商业的核心逻辑
影响因素——底层逻辑	内外部影响因素决定创业企业在底层逻辑上的摇摆
关键坐标——影响因素——底层逻辑	创业者在创业地图上能够行进到哪个位置，受到内外因素的影响，也会影响对底层逻辑的判断

7.3.4　饱和度检验

本研究从学术创业的企业当中，搜集4篇访谈文本，结合之前随机抽取预留的4篇网络访谈文本和1篇实地访谈文本，建构所构建模型的理论饱和度，此外，利用NVivo11软件将所得编码进行全样本搜索。

结果表明，学术创业行为地图的关键路标、生态要素及其逻辑关系仍然在本研究已得的核心范畴内，未发现新的主副范畴和关系，因此所得编码已经趋近饱和。

7.4　模型阐释与研究发现

7.4.1　学术创业地图的关键路标

通过案例研究，研究者发现在我国高校的学术创业过程当中，存在一张行为地图，从创业起点依次走向找寻技术应用场景、稳定技术应用场景、企业成熟运作四个阶段。

1.创业起点

学术创业的起点是学者个人或者所在团队的技术持有，有的创业者的技术是自己独有的，也有一部分创业者的技术是整个学术团队所共有的，因此经常会出现学术团队共同创业的情况。

2.找寻技术应用场景

（1）签订技术开发合同

科研人员如果有创业意愿，大概率会有两种操作：一是申请专利；二是与企业签订技术开发合同。对于绝大部分学者来说，学术创业行为会停在这个路标之下，因为这是风险最小的一种学术创业行为。

关于申请专利，部分学者能够顺利地卖掉，获得专利转让费，但是，绝大多数学者的专利是不那么轻易卖掉的。因素有三种：一是找不到市场，专利是为了评职称、考核等学术道路发展而申请的，所以实际应用性不高，这种行为模式下，学者很容易因为没有获得实质性的收益，而放弃缴纳专利费；二是学者对于专利的价值看得比较重，与市场需求对接不上，很难谈拢；三是学者一直在进行专利布局，以期形成自己的专利护城河，提高自己的专利溢价，而不是急于出售专利。

根据前文的学术创业过程理论，学术创业过程要经历基础研究、应用研究、产品研究和商品研究四个阶段。应用研究阶段主要是做原型机、小试，确定的是技术应用的方向，在这个阶段，学者有可能会与企业签订技术开发合同，这是当前大部分有创业意愿的学者会走的一个站点，即与企业签订技术开发合同，为企业解决具体的技术难题。学者的主要任务是根据企业需求打造样机，验收合格后，尾款到账，这项学术创业活动可能就此终止。

（2）产品固化

如果学者有机会继续进行迭代的技术开发，则有可能可以将产品固化下来，从而打造产品，这个阶段的行为相当于产品研究阶段，但是，这个过程需要很多机缘，比如，是否能够实现迭代的技术开发，需要看企业与学者之间是否积累了继续的、稳定的合作关系；企业的发展需求、行业前景等多方面的因素。

打造产品的过程是一定要有载体的，可能是学者自己创办的公司，也可能是学校里资助的场地，或者是与外部机构合作，总之需要有工厂式的场地来实现工业化的生产。同时，最为关键的是，这个时候需要有一个分工明确的团队来打理这些事情，比如，技术指导、工艺流程、产品包装、产品批号、质检等。到了这个阶段，意味着学者已经摸到了学术创业的门。

（3）市场验证

是否经历市场的验证是学术创业活动从技术走向市场的关键一步，没有经历市场验证的技术转化是伪转化。在调研中发现，一些拥有很强背景的学术创业项目，即使获得了融资，但是最后仍然失败了。究其根本，是因为这些创业项目有很先进的技术，但是并不能从根本上解决市场的痛点问题，也没有足够的优势替代市场上已有的产品。

在调研中，有一位学术创业者讲自己的技术能够应用到石油行业、3D打印材料、汽车轮胎当中。当然，从技术上讲，这位创业者的技术确实是先进的、首屈一指的，然而，石油行业本身是有门槛的，行业壁垒很高，创业者根本就没有油田入网证；3D行业、汽车行业又为什么要用这些新材料呢？创业者认为的行业痛点是真正的痛点吗？有可能在未来是，但是在目前消费者的认知中并不是。

不过，这个阶段也只是产品阶段，并不是真正的商品，这些产品，往往面向的是组织市场，而不是消费者市场。组织市场相对于消费者市场，有个非常明显的特点，就是消费者市场10%的波动就可能带来组织市场200%的波动，所以，这个阶段的市场需求也是非常不稳定的。

3. 稳定技术应用场景

当创业项目经历了初级市场验证后，就会进行第三个关键路标——稳定技术应用场景阶段，创业者需要不断调整产品参数，并形成可以稳定出售的商品或服务，稳定市场，这个阶段持续时间可能会很长，这就是学术创业过程理论所指的商品研究阶段。

当进入这个阶段，学者的学术创业地图仍然存在两个分岔：一是学者能够继续稳定地输出订单或是有其他新的合作企业；二是企业效益不好，中止合作，或者是产品使用周期较长，在短时间内没有需求，学术创业的活动有可能也会停滞在这个位置上。

（1）扩大市场

如果是第一种方式，学者所创办的企业依然有可能继续向前走，进一步扩大自己的市场。

（2）创业活动停滞

这个阶段的市场需求，是绝大多数想要继续向前走的学术创业者的关键障碍，如果想进一步发展，就要有广泛和更加扎实的应用场景，然而这个过程需要大量的研发资金。如果不融资，没有足够的研发资金或扩大生产的资金；如果融资，万一失败就会导致大量举债，甚至破产。这也会是很多学术创业企业的困难阶段。

4.企业成熟运作阶段

这个阶段，企业的客户群体比较稳定，有稳定的订单收入，并且有能力扩大市场、增强研发，销售收入持续稳定增长、市场份额逐步扩大，并且有能力实现资本化运作。

7.4.2 学术创业地图上的影响因素

由于每个阶段都受到内外因素影响，因此每个创业项目都会走出自己独有的轨迹。

1.创业起点上的内因

当科研人员持有技术后，会产生创业意愿的分岔点。没有创业意愿的学者，仍然倾向于学术研究，以期平稳地走高校的职业生涯道路。有学者将科研人员的职业生涯分为两个阶段，并且每个阶段面临两种职业选择，即学术研究与学术创业。

除了本研究第五章所提出的学术创业过程模型，创业导火线和技术持有引发学者创业意愿外，还受学者自身的职业发展定位、个人见识、价值观、心理因素等的影响，具体而言：

（1）职业发展定位

不同学者对于个人职业发展定位有差异。有的学者致力于在学术研究上有所突破，成为真正的科学家；有的则志向解决社会经济发展当中的技术问题，致力于成为行业专家、企业家；有的学者希望自己在学术界或者业界有地位；有的则不在意，追求平稳、安逸的生活。不同的职业发展定位，就会让学者做出不同的职业选择。

（2）个人见识

学者不同的见识水平，也会造就学者不同的职业生涯，尤其是一些青年学者，如果其对于商业逻辑、市场前景、公司运营等方面有见识，则更容易激发创业行为。

（3）价值观

个人价值观对于启动学者是否要走进创业地图，以及该往哪里走，都起着关键性的引导作用。

价值观就是个人的价值主张，在创业当中，个人的价值观有可能会直接影响企业的价值观，也可以称为企业道德。比如，对于有的学者而言，人生就是喜欢安稳，而创业是一件充满风险和未知的事情。

对于有的学者，他们的创业目标可能是为了提高自己的收入和社会阶层。

而有一些学者，他们的内心是想要去解决非常宏大的现实问题，他们觉得自己的技术就应该为社会作些贡献，他们应该为行业、社会乃至人类作些贡献。这样的想法固然可敬，但是，在现实的环境下，有这样想法的学者创业表现通常不太理想，因为这种宏大的愿景并没有转化为现实的目标和行动。

也如美国硅谷和波士顿的差异一样，这两个地方曾经都是创新的发源地，但是现在来看，硅谷的创新水平比波士顿高多了。波士顿也有很多好的技术，但是那些学术衍生企业的主要目的在于将企业孵化出来之后卖掉，而不是继续去做颠覆式创新。反观现实，这对于个人也是一样的，有的学术创业者想要将企业做起来，有的学术创业者只是想把技术成果商业化进行获利，在不同的价值观指引下，学术创业行为的走向也会出现变化。

但是，地图就像一张网络，并没有方向的绝对正确，只是如果这样的结果是创业者本身所认为的成功，也可以理解为成功。

可是究竟什么是成功的，什么是失败的？在一个小的维度上，可能学术创业者本身的创业目标就是衡量标准，创业者想要一千万元卖掉自己的专利，如果这个目标实现了，对于他本人而言就是成功。放到一个大的维度上讲，这个企业对于整个行业是否有了新的贡献，比如在商业模式、技术水平、市场需求上有所突破，如果有突破，也可以认为是成功的。

就像《臣服实验》的作者所描述的，他在建立公司的过程中，曾经很多次以为就是这样了，但是命运的力量会把企业带到一个新的方向，他只是在这个过程中不断地臣服，当事件出现的时候，全力以赴地把事情做好。

《第二座山：为生命找到意义》中提出的双峰模式是这样讲的，有的人在攀登第一座山，即建立身份、离开父母、培养自己取得社会文化所认可的成功；有的人可能已经在攀登第二座山，即投身道德事业，创造更多的社会价值。知名商业咨询专家刘润曾有过这样的观点：只有找到公司的愿景、使命、价值观，所有人才会从“我为你付出”，变成“我们并肩，为共同的愿景而奋斗”。

个人的价值观会影响企业的价值观，如果企业想要发展下去，必须要有清晰的愿景、使命和价值观来指引、激励创始人和整个团队，否则企业就会四分五裂。只有真正地热爱，才能让创业的道路持续下去。

（4）心理因素

个体对于成功的定义、情商、逆商等心理因素也会影响个体的创业选择。学术创业者来自高校或科研院所，与市场接触少，更容易遭遇失败，成功的创业者大多是连续创业者。易高峰的研究发现，失败情绪修复、再创业动机形成是触发后续创业能力提升的重要前置变量，连续创业事件中积极与消极关键事件的强度和空间属性的交互作用，不断促进创业者学术创业机会识别能力、资源整合能力和商业模式创新能力的提升。

（5）创业能力

李开复曾说，科创企业需要一个很牛的产品经历。研究者在调研中发现，学者理解的市场需求与真正的市场需求存在较大的差异，很容易出现找不到市场的情况。比如，笔者跟踪了7年的YG，在没有对接下游市场的情况下，虽然获得了一些政府支持，但是杯水车薪，始终解决不了企业的自身造血问题，最终不得不破产清算。

在达尔文海当中，可能存在潜在的创业机会，但关键是看学者是否能对机会进行有效的识别与获取。在调研中发现，创业机会的识别与获取是两个过程，一个是是否存在真正的创业机会，另一个环节是学术创业者能否识别并获取这个机会。

（6）风险偏好

从风险的角度上来说，学术创业者如果在学校的环境当中，虽然收入不高，但是一直保持稳定；但在市场的环境中则必然会遇到各种大大小小的风浪，这对于风险厌恶者来说，必然会更倾向于保持在岗创业的状态。

但是，创业需要破釜沉舟的勇气，如果没有这种决心，始终觉得留有后路，则很难有突破性的创业表现。

2. 创业起点上的外因

（1）学科性质

如果学者从事的研究属于基础学科，创业机遇则相对较少；如果本身属于应用研究领域，则创业机遇相对较多。

（2）所处行业

不同的行业，具有的特征也是不一样的。比如，生物医药行业，因为是一个非常烧钱的行业，所以非常需要早期的天使股权投资。所研究的一家企业属于医疗设备行业，但同时又有数据，所以是偏人工智能方向的，综合下来，就是一个人工智能+医疗设备+精密仪器这样的一个复合型项目。

（3）创业资源

创业资源是指学者所拥有的技术、创业团队、资金、人脉、市场等方面的资源条件。如果资源条件比较充足，则创业的可能性也会更高。比如，一个青年学者如果持续在自己导师的科研团队当中，而且导师进行了学术创业，这个青年进行创业的可能性也比较高。

（4）学术创业环境

如果学者所在的高校以及地方政府较好地落实了学术创业政策，能够较好地鼓励和引导学术创业者创业。比如，创业环境很多元，包括产业环境、人才环境等。比如，快手创业时在北京五道口的华清嘉园，发展壮大之后就搬到了华清嘉园对面的清华科技园。快手创始人宿华曾经表示："如果不在北京，我和我的合伙人也碰不到一块儿。如果不在北京，我也不会有精力去学习机器学习这个技术，接触不到那么多优秀的产品人员、工程师和各行各业的人才。"城市的多元化和包容性，有助于创新的发生，在学术创业领域也是同样的逻辑。

（5）创业团队

在调研中发现，如果学术创业要继续向下一个过程进行，就必须创办一个自己的企业，而创办企业的关键是要带一支具有胜任力的团队，否则这个企业还是很难维系下去。在调研中发现，大部分学术创业者公司的团队都是出自相同或相近的学术团队，有大导师、二导师，还有自己的学生，这种模式很好地保证了相同的技术背景，但也同时折射出一个问题，学术创业团队的构成比较单一，很容易陷入信息茧房当中。

创业跟打工人的格局、心态是完全不一样的。如果在初创期，团队不稳定，人才就很容易流失。很多学术型企业家，在这个阶段对于公司的发展目标都不清晰，因此如何忠诚且稳定地把目标落实，就成为很多初创企业在起跑时的第一个障碍。

如果团队成员对团队忠诚，团队的凝聚力能够带来团队的稳定性。创业团队通常包括两个层次，一是创始人，后来也会成为企业的高管；二是中层，中层是主要的业务骨干，主要角色通常包括研发、市场、销售、生产这几个角色。随着企业发展，大家在创业理念等方面，会产生各种各样的分歧，如果这个时候缺少规则，创始人的格局又不高，则很容易造成一个分崩离析、人心涣散的局面。

再者，创业企业通常在创业之初的股权设计/利益分配都不太完备，逐渐就会有人不太认同这种规则，可能不自觉地放大自己贡献的比重，这个时候，共同的、清晰的企业愿景就特别重要，如果大家都朝着这一个目标努力，那么还有可能继续磨合着向前走。如果彼此的愿景都不一致，那么巨大的分歧必然会导致内耗，企业的向心力没有了，自然就发展不起来了。

7.4.3 学术创业过程的底层逻辑

知名商业顾问刘润在其作品《底层逻辑：看清这个世界的底牌》中提出一个观点："只有底层逻辑，才是有生命力的。只有底层逻辑，在我们面临环境变化时，才能被应用到新的变化中，从而产生适应新环境的方法论。"本研究认同这一观点，并且在研究中也确实发现学术创业过程存在底层逻辑。

1.商业逻辑

（1）学术创业的核心逻辑

学术创业归根结底仍然是创业，而创业就必须走通商业逻辑。对于很多学术创业企业而言，只注重技术逻辑而忽视商业逻辑，恰恰就是学术创业容易失败的根源。学术创业，依然不能忽视最核心的创业逻辑：科技发明要进行市场转化，关键是看转化的过程中能不能把握客户的需求，与竞争对手相比，能否实现方便、好用、成本合适？

过度强调技术创新，可能会导致创业失败。因为，如果在产品中过高地追求产品的性能，本身就是在犯营销近视病的毛病，而且，这会拉高产品的成本。

消费者关心的是如何花合适的钱，买到对自己有价值的商品，而不关心产品本身用了什么样的技术。比如，对于大部分消费者而言，他们关心的是电脑速度快不快，而不在意芯片具体是用什么技术生产出来的。在互联网时代，好的产品经理的思路就是把简单留给用户，把复杂留给自己。李开复也曾说，科创企业需要一个很牛的产品经理。

本研究第5章提出创业规律是学术创业的关键脉络，学术创业过程是从基础研究、应用研究、产品研究、再到商品研究的过程，这个过程中，每个阶段都是靠市场需求连接起来的。

（2）理性主义与经验主义的结合

南开大学张玉利教授指出，创业行为的实质就是创业资源的整合行为，是创业者利用、积累和扩大其资源禀赋的过程，会受到创业动机和创业机会感知的影响。同样的，学术创业也是在这样的创业框架下进行的。

商业逻辑的根本是通过满足顾客需求来获取创业资源，但是创业资源的获取充满稀缺性和不确定性。面对不确定性，人们没有办法用完全的理性主义去解释，所以，创业需要经验主义。

明茨伯格指出："管理是科学也是艺术。"科学是指有一些可以共同遵循的、可以复制的逻辑和理论。艺术则是指每一家企业的内外环境和自身情况都不同，所以企业需要根据自身情况进行更新，这就是艺术的部分。创业过程同样如此，科学主义的部分在于这是一项在资源稀缺和未来不确定的情况下进行的活动，始终需要满足顾客需求。

但同时也有经验主义的部分，比如，如何满足消费者需求？如何开拓市场？如何处理整个市场链条上各个角色的关系？……这些又都是没有统一答案的，需要创业者根据他人和个人的经验进行总结和归纳。每家企业的内外环境以及与企业家自身的特征都不一样，所以，学术创业的规律是局限在一定的条件下的。对于创业来讲，科学主义的部分就是要讲商业逻辑，如果商业逻辑出了问题，就很难存活下去。可是，商业逻辑又充满了可变性，而这个部分又属于经验的部分。

创业企业的融资需要验证其自身的商业逻辑，这样投资人才会相信其中的故事，才会愿意投资。

2. 学术创业过程的融资逻辑

（1）政策因素。企业能不能获得融资，与政策导向关联很大。投资必然是要符合大的趋势的，比如所在的行业属于医疗行业，在赛道上就具有一定的优势。

（2）所处发展阶段。在最早期的时候，企业的资金需求比较小，只是用于组建团队、市场验证，但是，也有可能会被市场认可，获得一个突然性的增长，这时候的融资需求就会很大。

通常情况下，银行贷款一般是等企业有了一定的销售收入才会批准贷款；天使投资也是得见到开始销售产品了，才有可能投资。

7.5 研究结论与讨论

7.5.1 主要结论

本研究基于扎根理论构建了学术创业行为地图的多维整合模型，系统地阐释了学术创业行为地图的主要逻辑。研究发现：第一，学术创业地图的主线是创业路标包括创业起点、找寻技术应用场景、稳定技术应用场景、企业成熟发展四个阶段；第二，内因、外因共同作用于创业主体，决定了创业主体在创业地图上能够走到哪个位置；第三，内因包括创业意愿、价值观，外因包括学科性质、学术创业环境、行业机遇等，内因、外因的各要素相互独立，不仅能单独对学术创业过程产生影响，还能部分叠加对其产生共同影响；第四，学术创业同样要遵循创业过程中的底层逻辑和融资逻辑。

7.5.2 实践启示

1.学者层面

（1）识别创业“路标”，明晰创业位置

学者可以结合创业的内、外部因素，以及成功的可能性，考虑创业行为的深度。例如，大部分学者选择直接卖掉专利，也有80%左右的学者可以按照企业需求做出样机，但能做出产品的团队则比例很小。如果团队能够在产品上立足，再考虑继续创业。

（2）加强学术创业理念培育

有相当一部分学者没有创业意愿，他们的内在创业驱力不足。一些学者是愿意扎根于基础研究行列当中的，他们愿意做个与物理世界打交道的人；也有一些学者是将学术研究看作是谋生的手段，做研究是为了发论文、评职称，并没有真正将这项研究应用到什么具体场景当中的计划；还有一部分学者，完全没有学术创业意识，他们只知道研究可以用来发论文，但是从未考虑过学术成果商业化这个概念；再有一小部分学者，他们有创业意愿，却无从下手，专利卖不出去，交了几年的专利费后也放弃了。由此可见，这其中存在大量创新资源的浪费，包括人才、科研资金以及科研成果的浪费。

所以，学术创业教育的理念，应当在研究生教育阶段就植入年轻的科研人员心中，让其形成科研成果能够商业化的意识。

在创新创业的浪潮当中，也需要引导科研人员进行成果商业化，给科研人员足够的动力机制，给拉动创新的“小马”提供带轮子的车；给科研人员提供一张地图，让科研人员明晰未来可能的方向，而不是乱撞或者停滞在原地。

（3）增强学术创业者对创业规律的认识

让学者们认识到，科技成果向商品转化的道路与科研过程是两种思路，客观认识到，自己在初期创业时对做企业还没有形成真正的概念。比如，甲方需要派质量工程师对项目成果进行严格把控，绝对不是只追求创新，这与科研思维是相反的。同时，也要认识到创业初期企业在供应链管理方面还有欠缺。比如，样机是非工业化生产，很多零件是“凑合”用。但如果转化为商品，供应链至少涉及上百个环节，任何一个环节出错，就可能会导致整个生产停滞，交不出货。

2. 组织层面

（1）搭建桥梁

如果组织层面（学校）能够把教师们所拥有的专利梳理起来，并且通过与科技园对接，让科技园协助对接企业需求，科研人员专利成功的比例就会提高很多。

对科研人员而言，毕竟没有销售经验，他们很难接触到有实际需求的企业，也没有那么多时间和精力来做这样的事情。所以，如果我国要促进学术创业发展，必须完善学术创业支持体系，切实从组织和政府层面来提供保障。

（2）机制保障

如果职务发明的所有权一直归属于学校，而科研人员没有自行处置的权利，那么科研人员很难有足够的动力来做科技成果转化。我们调研中，这所高校的尝试，让科研人员自行缴纳专利费，但是转让收益的90%都归科研人员所有，科研人员就有足够的动力来进行科技成果转化。

3. 政府层面

以苏州为例，苏州的城市创新发展、经济发展等方面的排名都位列全国前十名。在调研中发现，苏州的科技园区大量投资处于产品研究到应用研究这个阶段的企业，并且回报率很高，到达了千亿元量级。这也从侧面印证了，在学术创业过程当中，需要一个科学、合理的科技金融服务体系。

◎第三部分

学术创业的现实环境及存在典型问题的案例拆解

8

学术创业环境分析

基于第四章的研究结论，本章以天津市为例，综合分析其在政策、文化、金融、服务、产业等方面的宏观环境。

8.1 学术创业政策环境分析

8.1.1 国家及天津市层面的学术创业政策基本情况

1.国家层面

研究者通过访问国务院、发改委、科技部、教育部等官方网站，共搜集到18项涉及科研人员创业的政策，见表8-1。

为了鼓励高校教师等科技创新主体积极创新，转化科技成果，推进供给侧结构改革，2016年3月，中共中央印发了《关于深化人才发展体制机制改革的意见》，提出鼓励和支持人才创新创业，研究制定高校、科研院所等事业单位科研人员离岗创业的政策措施。2016年8月，教育部、科技部发布了《关于加强高等学校科技成果转移转化工作的若干意见》，提出了科技成果转化是高校科技活动的重要内容，高校要建立科技成果使用、处置的程序和规则，加强科技成果转移转化能力建设等。为了鼓励高校科研人员等主体积极创新创业，2017年3月，人社部印发了《关于支持和鼓励事业单位专业技术人员创新创业的指导意见》，支持和鼓励专业技术人员挂职、参与项目合作、兼职、离岗创业，力求加快实施创新驱动发展战略，打通高校院所科技创新资源与经济结合的通道，推进经济提质增效。2018年，国务院出台了《关于推动创新创业高质量发展打造“双创”升级版的意见》，明确提出要增强科技成果转化的应用能力，为科研人员创业提供了更好的政策支撑。

2020年以来，集中出台了科技成果转化“三部曲”，进一步将科技成果转化上升到底层设计，给科研人员创业提供了更加具体的指导和依据。

表8-1 国家层面有关科研人员创业实施细则政策文本

序号	政策名称	发文	发文年份
1	《关于深化体制机制改革加快实施创新驱动发展战略的若干意见》	中共中央、国务院	2015
2	《关于进一步做好新形势下就业创业工作的意见》	国务院	2015
3	《关于实行以增加知识价值为导向分配政策的若干意见》	中共中央办公厅、国务院办公厅	2016
4	《关于深化人才发展体制机制改革的意见》	中共中央	2016
5	《实施〈中华人民共和国促进科技成果转化法〉若干规定》	国务院	2016
6	《促进科技成果转移转化行动方案》	国务院办公厅	2016
7	《关于加强高等学校科技成果转移转化工作的若干意见》	教育部、科技部	2016
8	《促进高等学校科技成果转移转化行动计划》	教育部办公厅	2016
9	《国有科技型企业股权和分红激励暂行办法》	财政部、科技部、国资委	2016
10	《关于实行以增加知识价值为导向分配政策的若干意见》	中共中央办公厅、国务院办公厅	2016
11	《中国科学院关于新时期加快促进科技成果转移转化指导意见》	中国科学院、科学技术部	2016
12	《促进科技成果转移转化专项行动实施方案》	中国科学院	2016
13	《关于完善股权激励和技术入股有关所得税政策的通知》	财务部、国家税务总局	2016
14	《国家技术转移体系建设方案》	国务院	2017
15	《关于深化教育体制机制改革的意见》	中共中央办公厅、国务院办公厅	2017
16	《关于支持和鼓励事业单位专业技术人员创新创业的指导意见》	人力资源和社会保障部	2017
17	《关于深化高等教育领域简政放权放管结合优化服务改革的若干意见》	教育部等五部门	2017
18	《关于推动创新创业高质量发展打造“双创”升级版的意见》	国务院	2018

北京、深圳、辽宁、江西等省市也相继出台政策允许高校科研人员离岗

创新创业。应该说，政策上已为高校科研人员创新创业搭好台、铺好路。

2.天津层面

2017年，天津市印发了《关于鼓励科研人员双向流动实施办法》，明确事业单位科研人员经所在单位同意，可以到企业和其他科研机构、高校、社会组织等兼职并取得合法报酬；可以离岗创业，离岗创业期限一般为3年，最长不超过5年，离岗创业期间，原单位应当为离岗创业人员保留档案和人事关系。

2020年，天津人社局转发了《人力资源社会保障部关于进一步支持和鼓励事业单位科研人员创新创业的指导意见》，进一步简化审批流程、规范离岗创业人员工资和社会保险等待遇。

伍虹儒等人对比了2010年以来，天津市滨海新区与张江高新区的科研人员创新创业政策体系，结果发现科研人员创新创业政策正逐步趋于完善，已形成从法律法规、条例到细则的政策体系。但是，政策的效力有待提高，部门之间缺少合力。在调查过程中发现，年轻的科研人员对创业政策感知度并不高，并且政策落实到高校存在较大困境。

天津市科委也出台了一系列面向企业、高校与科研人员的创新创业政策，均可以便利地在天津市科委的网站上查询到，为科研人员查询、了解政策提供了良好的渠道。本研究的这一部分从政策工具的视角，对天津市科研人员创新创业支撑政策体系的政策工具使用情况进行分析，探究天津市科研人员创新创业政策的内在规律和不足之处，有助于科研人员全面理解创业政策的有效信息，也为政府部门制定和优化科研人员创新创业政策提供合理的政策建议和改进方向。

8.1.2 研究设计

1.研究方法

近年来，学术创业的政策有效性分析逐渐成为学术创业领域的研究热点，并且取得了较为丰富的理论成果。例如，Dirk（狄克）等人基于德国的知识创造市场政策，研究了创业支持和专利归属权对学术创业的影响，这项政策是指加强新的基础设施建设来促进大学的技术转化，但同时将专利权由研究人员转移到大学。他们通过对面板数据的研究显示，基础设施建设并没有带来学术创业企业数量的增加，但是却大大地降低了专利的数量。Rosa（罗莎）等人（2011）探讨了美国《拜杜法案》实施30多年来对学术创业的效果，结果发现，该项法案确实促进了大学创业活动的增加，同时提出，相对于非初创企业，大学创业企业需要强有力的支持机制来改善其绩效。

关于政策工具的研究方法有很多，结合研究主题，本研究认为Rothwell（罗斯伟尔）和Zegveld（泽赫费尔德）的划分方法更能体现科研人员创业支持政策的特点，能够更全面、客观地反映政府通过一系列政策工具为科研人员创业营造的环境以及存在的优势与缺陷，从而根据分析结果，提出有针对性的解决方案。因此，本研究的政策工具分析思路为：首先，确定科研人员创业支撑政策文本；其次，根据政策工具理论构建分析框架，并对文本内容进行编码、定义分析单元；最后，在政策编码归类的基础上，探究科研人员创业支持政策中存在的问题，并提出相应的政策建议。

本研究以Rothwell和Zegveld的思想为基础，将科研人员创业政策划分为环境型、供给型和需求型三类，其中，供给型和需求型政策工具主要起直接的推动和拉动作用，而环境型政策工具则表现为间接的影响作用，如图8-1所示：

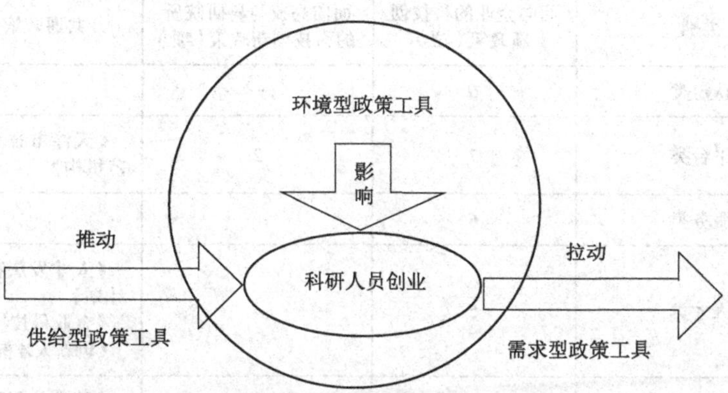

图8-1　政策工具对科研人员创业支持的作用方法示意图

（1）供给型政策工具。主要体现的是政策对科研人员创业的直接推动作用，为科研人员创业直接输入资金、人才、信息等要素，从而保障科研人员创业的可持续、均等化供给，具体可以细分为资金投入、人才培养、设施建设、科技信息支持等。

（2）环境型政策工具。主要体现为政策为科研人员创业事业提供的发展空间和营造的氛围，如政府通过目标规划、法规管理、税收优惠、策略性措施、金融服务等手段调控和影响科研人员创业供给。

（3）需求型政策工具。主要表现为政策的拉动作用，借助于政府扶持，刺激科研人员创业市场的繁荣，降低市场风险，具体包括服务采购、服务外包、贸易管制、海外交流等方面。

2.政策文本选择

本研究以2019年出版的《天津市科技创新政策要点汇编》为框架，对其依据文件进行了全面分析。表8-2对汇编政策的基本情况进行了梳理，天津市将科技创新政策分为面向企业和面向高校与科研院所两大类，其中面向企业的科技创新政策包括认定类、平台类、服务类、人才类、研发项目类5类，共计27项。面向高校科研院所的政策包括平台类、人才类、研发项目类、天津市自然科学基金、战略研究类、激发科技人员创新活力6类，共计23项，其中，平台类中关于天津市技术转移示范机构，人才类中关于人才发展特殊支持计划、企业科技特派员、创新人才推进计划，研发项目类中关于科技支撑重点项目、“一带一路”科技创新合作行动计划所依据的政策文件是共通的。

表8-2　2019年天津市科技创新政策类别情况

类别	面向企业的科技创新政策（项）	面向高校与科研院所的科技创新政策（项）	共通政策名称
认定类	6	—	
平台类	7	2	《天津市技术转移示范机构》
服务类	6	—	
人才类	5	4	《人才发展特殊支持计划》 《企业科技特派员》 《创新人才推进计划》
研发项目类	3	2	《科技支撑重点项目》 《“一带一路”科技创新合作行动计划》
天津市自然科学基金	—	4	
战略研究类	—	2	
激发科技人员创新活力	—	9	
合计	27	23	

从表8-2中初步可以看出，天津市针对科研人员的政策更偏向于鼓励科研人员创新，因此有多项研究类项目，用于支持基础研究。

3.政策工具维度选择及内容编码

本研究在国内外代表性文献的基础上，结合创新创业政策的特点，根据Rothwell和Zegveld及国内学者较为普遍的分类标准，将天津市科研人员创新创业政策工具分为环境型、供给型和需求型三种基本类型，每种类型又可以细分为五种具体的政策工具，其中，供给型和需求型政策工具对科研人员创业活动产生直接的推动及拉动作用，环境型政策工具产生间接的影响作用。

研究者根据政策条款这一基本单元对政策文本进行分析，对政策条款的编码按照政策编号——具体章节/条款进行，对政策汇编中涉及的13份具体文件的相关政策条款进行逐条编码。例如，编码1-1是“津科基〔2016〕139号”文件的第一条政策条款的内容，以此类推。如果某条政策使用了多项政策工具，在进行频数统计的时候则需要重复统计。

8.1.3　天津市科研人员创业政策工具分析结果

经过统计，天津市针对科研人员的创新创业政策工具的使用情况见表8-3，共有54项政策工具，其中以供给型最多，环境型次之，需求型最少。

表8-3　天津市科研人员创新创业政策工具的使用与频数统计

	法律法规	目标规划	财税政策	金融政策	保障措施	合计
环境型	7-6, 13	1-1, 2-1, 4-1, 5-2, 7-1, 9-1, 11-1, 12-1	7-3, 13	7-2	5-4, 7-2, 8-1, 9-4, 11-3, 13	
合计	2	8	2	1	6	19
	基础设施	人力资源	资金投入	信息技术	公共服务	
供给型	5-3, 8-2, 9-2, 11-2	7-3, 9-2, 10, 11-2, 12-4, 14	1-8, 2-4, 3, 4-1, 5-3, 6, 7-2, 8-4, 10, 15-1	7-2, 13	5-3, 7-5, 11-3	
合计	4	6	10	2	3	25
	政府采购	服务外包	市场管制	对外开放	公共工程/示范	
需求型	7-2		7-5	5-3, 7-1, 12-4, 13, 15-4	5-3, 8-3, 11-2	
合计	1	0	1	5	3	10

本研究认为，天津市面向高校和科研院所的政策工具存在以下问题：

1.不同类型的政策工具使用不均衡

从三大基本政策工具维度来看，供给型政策工具使用最多，占到46.3%；其次是环境型政策工具，占35.2%；需求型政策工具使用最少，仅占18.5%。这一现象与整体的创新创业政策存在相同特征，即供给型工具过溢，但需求型政策工具严重不足。这表明，天津市科研人员创业活动主要靠政府自上而下的推动，来自科研人员和市场的动力和需求不足。

2.同类型政策工具下子工具使用频率差距较大

（1）环境型政策工具中，目标规划、保障措施使用频率很高，两项合计占73.7%，法律法规、金融政策、财税政策合计占26.3%，使用较少。对比同类研究，国家级“双创”政策的环境型政策是金融政策、财税政策较多，而法律法规、目标规划、保障措施则较少。本研究认为，出现这一差异趋势主要是因为天津市面向科研人员的政策更侧重于激励科研人员创新，因此会给予更多的目标规划，而较少涉及金融和财税政策。相较之下，在针对企业的创业类政策中，更多涉及金融和财税政策。

（2）供给型政策工具中，各子工具的使用频率比其他类型的工具稍显均衡，但总体来讲，以资金投入工具使用最多，占40%，人力资源次之，基础设施、公共服务、信息技术的政策工具使用率较低，说明天津市为科研人员创新创业提供了一定的财力保障。

（3）需求型政策工具中，各子工具的使用均较少，尤其是服务外包、政府采购工具使用非常少，表明政府部门对科研人员创业的产品和服务需求不足，在一定程度上会抑制科研人员的创业活动开展。

3.创新创业政策有待细化

从内容上分析，高校科研人员创新创业导向性政策已经落地，但具体的实施细则还有待进一步完善。如：①在知识产权管理方面，高校科研人员工作期间或利用学校基础设施产生的科研成果属于职务创新。对于科研人才的开发和流动权益保障、知识产权的保护，需要完善现有的法规体系。②高校缺少科研人员创新创业方面的系统性政策。高校科研人员创新创业利益分配相对复杂，缺少利益分配政策依据；高校科研人员离岗返岗程序、离岗期间的各项待遇、返岗后的安置等政策有待明确，相关实施政策还有待系统性完善。

8.2 学术创业文化环境分析

8.2.1 学术创业的文化氛围还不够浓厚

2016年，著名经济学家周其仁教授在北京大学国家发展研究院举办的"美国创新考察团"线下分享会的演讲中提到，硅谷是由"公司、投资机构、中介组织、老师、同学、实验室"，密密麻麻堆在一起发展出来的，硅谷本身以斯坦福大学为中心，斯坦福校友就是创新的原动力。类似情况也出现在美国东海岸的波士顿，MIT，也就是麻省理工学院，在那里由校友创办的公司就有两万多家，而且这个数字还在不断增加，换句话说，MIT才是波士顿走廊的核心力量。

虽然中关村被称为中国硅谷，但如果谈到科技创新，中关村却远远达不到硅谷和波士顿那种水平。中关村也是依托中国最好的两所学校，北大和清华发展起来的，为什么在科技创新上没有如此明显的力量呢？

周教授认为，因为美国的大学形成了一个生态，而我国大学在整个社会当中的连接方式，要重新反省。比如，美国加州大学，20年里产生了6 000多项专利，MIT有3 000多项。

周教授认为，要科技创新，就要有高浓度、高密度的场才行，具体而言：知识产权保护怎么样？谁投资、怎么融资、怎么出产品、怎么让产业成型？这些问题一个都不能缺；科学家、教育家、发明家、工匠、企业家、投资家、商人，也一个不能少。不能指望科学创新遍布整个国家，所有这些元素只能集中在空间非常小的地方。要形成一个场，不仅每个元素很优秀，而且每个元素进入这个场里要互相作用。所以，周教授对科技创新的理解是，我们的政策、制度和大学要营造一个高浓度、高密度的场，在空间非常小的地方，集中爆发。

8.2.2 打造开放、包容的创业文化氛围

在适当的环境中，一些企业家在获得一定的成功后，就转而做公益了，主动加入这个组织，去扶持这个行业内有需要的企业。我国在积极培育这样的创业环境：2020年，国务院启动了第三批"双创"示范基地建设，目的

也是聚焦支持创新型中小微企业成长，大力弘扬科学家精神、劳动精神和工匠精神，倡导敬业、精益、专注、宽容失败的创新创业文化。

8.3 学术创业金融环境分析

科研人员创业大多属于技术型创业企业，轻资产、高风险、高回报，因此在创业上与技术型创业企业存在相同的困境，因此，其金融体系支持与科技型创业企业的体系类似，具体包括：天使投资、创业投资、引导基金、银行信贷、科技保险、融资租赁、保理等金融工具。在实地调研中发现，天津市科技型创业企业最主要的融资途径仍然是创业投资和银行信贷两种形式，其他形式仅作为辅助工具。

8.3.1 科技金融体系的内涵

科技金融是指依赖科技进步的金融行业，有价值创造的金融行业就是科技金融。

本研究所指的科技金融属于产业金融范畴，是科技创新活动与金融产业在结合发展过程中紧密结合的产物，是金融积极介入科技创新行动，主动配合科技创新活动的资金需求，促进科技研发、成果转化和高新技术产业发展的一系列金融工具、金融制度、金融政策与金融服务系统的创新性安排，是由金融与向科学、技术创新活动提供资源的政府、企业、市场、中介机构以及金融机构等各种主体行为渗透融合而共同构成的一个复杂的金融创新系统活动，其主要功能是为各科技创新主体在进行科技创新活动的过程中提供资金上的支持和相关金融服务，引导金融资源与社会资本向科技企业积聚。

1.债权融资体系

债权融资是指企业通过借钱的方式进行融资，在借款到期后要向债权人偿还资金本金，并承担资金利息。债权融资主要包括银行信用、民间信贷、债券融资、信托融资、项目融资、商业信用及租赁等渠道。其中，银行信用仍是主要形式，但银行追求稳定的信贷体系与科技创业企业的高风险性、轻资产、无抵押等特征存在矛盾。银行普遍偏好有固定资产、发展稳定的大企业，因此，学术创业类企业在创业初期很难获得贷款。

首先，科技创业类企业绝大部分都是轻资产企业，没有抵押，而且在创业初期资信状况不高，财务制度不健全，经营风险较大，银行不敢轻易放贷；其次，向初创企业放贷的经营成本远高于大型企业，银行不愿放贷；再次，初创企业资产规模小，很难达到银行的贷款门槛，银行不能放贷。实际上，我国信贷政策的设计本身就是为成熟期的企业服务的，初创企业很难与银行实现对接。

所以，当前来看，种子期、初创期的学术创业企业贷款难问题没有得到有效解决。种子期、初创期的学术创业企业规模小、轻资产、无抵押担保物的特点使得银行和担保机构望而却步，加之担保机构业务收缩，使得大量企业贷款需求得不到满足。

为了解决这方面的问题，政府一直在鼓励银行创新金融产品，以对科技型创业企业提供资金支持。以天津市为例：①开发适合于科技型创业企业的信贷产品，如浦发银行推出了偏向早期的“天使贷”类金融产品；民生银行针对不同阶段的科技型企业开发不同授信的贷款支持。②多种融资工具交叉联合创新，与创业投资、证券、保险、信托等机构合作开发跨行业、跨领域金融产品。如北京银行天津分行与中国人寿财险合作的“智权贷”，天津金城银行与中信保合作的“金宝贷”等。③建立科技支行，提升服务效率。④科技金融服务模式不断创新，如投贷联动、建立“贷+债+股+代+租+顾”的科技金融服务体系生态圈等。

不过，在调研过程中发现一个有趣的现象：有的学术创业者不偏好银行贷款，认为银行有体制限制，交涉起来比较麻烦；或者创业者本人的创业定位比较高，想要通过自己的科技创业来解决国家、民族的技术难题，认为银行的“精打细算”不能适配自己的价值理想，更偏好一些有共同理想的投资人。

也有一些创业者偏好银行贷款，比较抗拒股权融资：一方面因为双方估值差别比较大难以谈拢，另一方面不希望股权被稀释。

还有一些创业者对于两种融资方式都不感兴趣，认为“有多大能耐，干多大事儿”，对于在创业初期寻找风投的做法并不认可。

2. 股权融资体系

股权融资是指企业的股东愿意出让部分所有权，通过企业增资的方式引进新的股东。按照融资渠道可分为首次公开募股（IPO）与私募股权融资（PE）两种方式。初创企业显然难以达到上市门槛，因而更多依赖于 PE。PE 是指通过私募形式对非上市企业进行的权益投资，通过上市、并购或管理层回购等方式出售股权获利。

表8-4整理了投资人的性质及融资阶段，风险投资（VC）主要投Pre A轮、A轮、B轮，PE主要投B轮以后。

表8-4 投资人的性质及融资阶段

类 别	投资阶段
天使投资人/天使机构	种子期、天使轮
VC	Pre A轮、A轮、B轮
PE	B轮及以后
上市公司投资	A轮及以后

（1）如果有了不起的创业想法，根据这个想法的市场容量、创始团队、投资热度，可以获得估值，有机会拿到种子期和天使轮投资；

（2）拿到天使轮投资后，如果能够通过打磨团队，做出合格产品，排除“天使轮风险”，将有机会拿到A轮投资，有的机构还可能会有Pre-A轮投资；

（3）继续服务超级用户，找到收入模型，排除“收入风险”，将有机会拿到B轮融资；

（4）掌握核心资源，打磨流程，找到盈利模型，排除“盈利风险”，将有机会拿到C轮融资；

（5）大规模复制，拿到可观的市场份额，走出“C轮死”的“魔咒”，排除“运营风险”，拿到D轮融资；

（6）最后，通过投行的帮助，规范运营，成功上市，从“打怪升级”的一级市场，进入“地图探索”的二级市场，开始新的“游戏”①。

但是，PE市场目前并不成熟，比如，良好的退出机制、风险补偿机制等都还在进一步优化。这对学术创业企业的影响主要表现在以下两个方面：

第一，由于私募资本追求的是资本增值的最大化，因此，投资机构更青

① 得到App，刘润，五分钟商学院实战篇。

睐于处于即将上市阶段的企业，而对于初创企业的投资意愿不强。因为较之后者，前者不仅风险小，而且可以在较短时间内出售股权实现盈利。

第二，初创企业规模小，估值通常很低，投资公司很容易占据大量股权，甚至会要求控股，初创企业的融资成本很高。私募资本追求短期资本增值的性质容易与企业的长期发展目标冲突，私募资本就会对企业的业务发展进行干预和限制。而且，私募股权由于流动性较差，投资者会要求企业给予高于 IPO 市场的回报。总之，初创企业由于缺少稳定的现金流支持，既难以获得债权融资，也难以获得股权融资。

总体来说，股权融资方面：一是国内天使投资、创业投资体系过度追求资本最大化，投资阶段后移，对初创阶段的科技创业企业不认可；二是国内创投行业投后管理的能力还不够强，为科技创业企业带来的市场资源、管理经验方面的支持不足；三是科技创业企业具有轻资产的特性，估值容易偏低，股权投资会给企业带来股权分散的问题。

以天津市为例，为了促进创业投资发展，出台了《天津市鼓励股权投资企业投资初创期和成长期科技型中小企业补贴办法》（2013—2016）、《天津市众创空间种子引导基金管理暂行办法》（2015—2020）等，对于创业投资起到了良好的支撑作用。但是，冯冰等人的研究发现，通过政府引导基金投资促进创业企业后续融资的关键在于为私人资本提供合适的补偿机制。例如，为私人资本提供收益类补偿时，政府引导基金投资可以促进创业企业后续融资。然而，为私人资本提供亏损补偿加上收益类补偿，或采用市场化运作模式时，政府引导基金投资不能促进创业企业后续融资。

另外，在参与项目路演会等场合中发现，学术创业者对于展示项目优势，吸引投资人关注等方面并不擅长。由于缺乏经验，创业者在与投资人的沟通过程中往往不得其法，难以获得投资人的青睐。硅谷顶级创业孵化器YC创业营甚至提供专门的备战演示日、排练日、演示日等培训活动，用来帮助创业者更好地在投资人面前展示项目优势，足可见项目路演的重要性。

在调研过程中，笔者曾跟踪过一名学术创业者的一次融资路演，发现创业者在项目介绍的过程中，对项目的技术特征如数家珍，但面对投资人关注的问题却没有很好的解答。不过这个学术创业者的技术确实是行业内领先水平，所以最终见过大约十个投资人之后，确定了两家投资机构。科技人员在寻找股权融资时容易出现两类问题：

第一，学术创业者由科技人员转变而来，难免带有较强的学者色彩，对于技术非常专注，但是对于技术如何转化成产品、如何适应市场等问题的认识与投资人的关注视角往往存在偏差，因此，在路演过程中人容易出现沟通不畅的问题。

第二，学术创业者很容易犯的错误就是把自己想象出来的需求当作刚需推给用户。换言之，学术创业者容易陷入产品导向的误区，满足于技术研发优势，对市场需求关注不足，所生产的产品并未取得消费者的认同，有经验的投资人很容易判断出这类创业项目下一步的发展状况，因此，都不太看好这样的项目。

3. 其他融资渠道

例如，科技部和多数地方政府都会针对海外留学人才、中科院及其他知名高校的高级学者提供一定的创业支持政策，如通过创新创业大赛等政府项目申请财政补贴。

（1）财政支持

天津市对于科技型中小企业有一定力度的财政支持。例如，科技型中小企业可以申请高企认定，并给予一定的财政补贴。从调查结果看，天津市对于科技人员的创业资金支持，主要来自科委。调研过程中我们发现，在股权和债权融资都比较难以获得的情况下，科技创业类企业在创业初期对政府资金支持以及自身人际关系所结识的有共同理想的投资人是学术创业者非常偏好的。

但是，同步也发现，相对于已经发展到一定规模的科技创业企业，例如，调研的一家已经上市的学术创业企业，他们表示更关心政府项目所带来的荣誉，而项目所提供的资金的数额并不是非常重要，因为项目经费对于这类处于上升期的企业自身发展的资金需求来讲是微乎其微的。

除直接补贴外，天津市还有天使投资的扶持、创业投资与产业投资的引导基金等，但是从目前来看，公共财政科技投入方式与互联网金融服务体系等方面缺乏创新，不利于实现资源最优配置。

（2）民间投资人

有一部分学术创业企业也会利用人际关系结识民间投资人。在这种情况下，创业者通常会特别关注两点：第一，要有共同的理想，因为科技创业具有轻资产、高风险的性质，创业者需要有共同理想的投资人与其共担风险；第二，科研创业者也非常关注民间投资人自身的资历以及背后带来的资源。

8.3.2 学术创业与风险投资

真正意义上的风险投资，只投资给未上市的创业公司，甚至是还没有成为公司的创业项目，通过帮助它们成功获得很高的回报。因此，风险投资总是和创业联系起来的。学术创业因为带有很强的技术性，风险大，但如果创业成功带来的回报也非常可观，因此，学术创业相对比较受风险投资青睐。

任何人办公司都离不开资金，传统上创业资金的合法来源只有两种：一种是靠积累或者继承，中国改革开放后第一代企业家中的很多人都是先靠给大公司打工，积累了一些资本，然后创业成功的；第二种是靠借贷，比如，从家人、亲戚和朋友那里凑钱，或者把房子抵押出去贷款。如果要求创业者将全部积蓄倾囊而出进行创业，很多人可能会知难而退。而从银行贷款必须要有财产可抵押，这也不是所有人都能办到的。因此，在很多国家，资金就成了创业的瓶颈。整个欧洲，几乎很少能看到新的公司兴起，很重要的原因是没有风险投资。

风险投资并不是不怕风险，而是有一套非常完善和精妙的创业风险管理机制，来逐级排除特定的创业风险，帮助优秀公司走到最后，尽早淘汰不合格项目。

近年来，风险投资在我国逐步规范，在一定程度上推动了学术创业的发展。虽然，政府不断引导银行积极进行金融产品创新，用于支持创业企业发展，但在没有抵押的情况下，银行批准中小企业信用贷款的风险是非常高的。所以，学术创业企业融资应当考虑发展银行贷款以外的多样化社会融资，如风险投资。

我国企业融资的70%以上是债权融资，占比是比较高的。对于创业中的中小企业而言，如果债权融资比例过高，到时间偿还不上，银行就会直接把该企业破产清盘拍卖，相对于股权融资的风险更大。这也是越来越多的学术创业企业寻找风险投资的原因之一。吴军在《浪潮之巅》一书中总结了风险投资和以往的投资形式主要区别：

（1）风险投资无须抵押，也不需要偿还。如果投资成功，风险投资人将获得几倍、几十倍，甚至百倍的回报；如果投资失败，钱就算打水漂了。我国的风险投资体系还在发展当中，因为怕创业者把钱给弄丢了，所以加了很多限制条款，比如，“如果几年内不能上市，要每年支付10%或是某个比例的利息”，或者“如果这个项目失败了，投资要自动转到该创业者今后的项目中”，并且，许多风投没有耐心慢慢摸索和成长，要求企业必须在三年就实现指数级增长，通过“快速催肥”来实现获利退出。在调研中也发现类似的现象，某公司在2021年获得融资，计划在2023年进入科技创业板。这样的要求，对于学术创业企业而言有些苛刻，在一定程度上不利于学术创业企业的发展。

（2）无论是对投资人，还是对创业者来讲，风险投资的资金，都是让创业者在一定时期内，能够专心致志做自己想做的事情，不必为收入和成本发愁，而不是用来烧钱购买市场。

（3）虽然风险投资人因为占股，甚至占了大部分股份，有权影响所投公司的经营，甚至有时会更换公司的管理层，但是风险投资人总的角色是“甩手掌柜”。他们的资金对创业是辅助作用，项目真正成功与否，是看创始人、项目本身，以及运气，如果真到了风险投资人要自己跳进去干预，说明投资已经失败八九成了。一家著名公司在接受了凯鹏华盈和红杉资本等基金的投资之后，内部根本感觉不到这些基金的存在，只是觉得做事情不必为钱发愁了，这一点，风险投资和私募基金有巨大的差别。

（4）风险投资的规模相比股市、私募基金、房地产、债券等市场，是非常小的。美国在过去的十多年里，每年风险投资的规模只有300亿~500亿美元。相比之下，中国的各种扶持新产业的基金规模要大得多。在中国“双创”高峰的2016年，仅武汉市政府就募集了1 800亿元人民币投资新项目的产业基金。为什么风险投资的规模不大呢？因为它需要投资新技术、新产业，而在一定时期内，不可能产生那么多新技术、新产业，过多的资本涌入风险投资就是泡沫。

（5）风险投资的管理者，不论原来从事什么职业，最终都成了技术专家，而不是财务专家，他们擅长发现有潜力的创业者和项目，而不需要专注于资本运作。相比之下，国内一些自称为风险投资的基金，是由一群财务专家在搞资本运作，这就不是真正意义上的风险投资了。

（6）从结果上讲，极少数的风险投资基金拿走了整个行业绝大部分的利润，这一点和二级市场的股票投资完全不同。

对于创业者来讲，风险投资是雪中送炭，是天使，事实上风险投资的早期阶段就被称为天使投资。学术创业由于是技术创业，需要技术研发，在前期烧钱比较多，因此许多学术创业项目都存在大量的融资需求。

吴军曾在书中提出，风险投资人的利益并没有什么严格的保障，而是靠创业者的个人信誉和投资人的眼光（既包括识人，也包括对技术方向的把握）来保障的。

创业船长霍夫曼在《穿越寒冬》一书中也提出，并不是越早引入风险投资越好，因为如果公司刚起步，你的盈利模式并没有得到市场的验证，潜在的问题也还没有充分暴露，这时候，正确的姿势应该是尽可能多地探索各种可能性，对前进方向进行不断校正。但如果你突然拿到了风投的巨额支票，那你就不得不从探索模式，转为认准一个方向拼命加速的烧钱模式，这就像对着一个悬崖拼命踩油门，当然会一头栽下去。

风投通常没有耐心慢慢摸索和成长，必须在三年内就实现指数级增长，通过快速催肥来实现获利退出。如在调研中的案例所见，某公司在2021年获得融资，计划在2023年进入科创板。

8.4 学术创业服务环境分析

服务环境主要指为高校科技创业提供服务的环境，包括办理企业注册、税务等各类部门的办事效率，是否有支持其发展的科技金融服务平台、孵化其成长的孵化器等，具体包括：

第一，政府部门的办事效率。如果流程设置不合理或效率不足，有可能导致企业错过最佳发展期。在调研中，有创业者表示，不同城市政府办事效率不一样，有的城市将很多流程都简化了，例如，同样是发改委的项目，在A城市用了两年半的时间才拿到资金，在B城市一周之内就拿到了资金。

第二，科技金融服务平台。该平台应当帮助企业与上下游企业、金融机构、中介机构等多方进行对接，以及搭建公共技术转移平台等，提供系列公共服务，这方面，天津做了很多尝试，搭建了数十个市级、区级科技金融服务平台，汇集金融资源，协助科技型企业对接机构，为科技型企业提供全方位的科技金融服务。

第三，孵化器。孵化器的孵化范围需要向前端延伸，发挥好选苗、育种的职责，筛选适合创业的科技项目，并继续提供融资、共享、培训、交流等职能，提高科技创业的成功率。天津的孵化器经历了三代发展，前两代分别为政府推动型与房地产主导型，新一代为孵化器自身盈利经营型，后者在传统功能的基础上，突出了融资、共享、交流、培训4类核心功能。随着众创空间概念的提出，天津市也出台了推进众创空间建设的措施，给予相应的补贴，到2021年，天津市的众创空间数量已经达190多家。

8.4.1 孵化器与众创空间的生存现状

天津市的孵化器在一段时间内有政策支持，只要达到标准，就能获得一笔政策补贴，有了这笔补贴，孵化器在一定程度上就能维持基本运营。

但是，对于大部分孵化器而言，其聚集的企业并没有产业区分，这样聚集在一起，并不能很好地产生放大效应。并且，天津市孵化器的政策，在一定时间段内房租是免费的，所以，只要能将项目招进来，就能获得收入。但是这几年，这个补贴比较少了，所以孵化器要开始收房租了。对于创业项目来说，来孵化器并没有核心竞争优势，房租也没有优惠，来的项目也越来越少，而且有的项目在创业过程中就死了，孵化器的运营就更加困难了，有的孵化器后来干脆就变成了咖啡厅。

8.4.2 产业园对于高校科技成果的作用

天津市高校成果转化做得比较有特色的是天津市大学软件园，实际上是以软件产业为切入点的，这就相当于搭建了一个平台，招募过来的企业都是同行业的。在平台当中，企业就可能碰撞出商业机会。比如，能够给企业提供免费的路演机会，将管理咨询、投资机构等都吸引过来，帮助企业连接资源，其中最核心的功能，就是将这个生态链聚集起来。

近两年，天津西青区精武镇创建了大学科技园，其中有一项政策是这样的：比如，一个横向课题30万元，教师做完课题后节余20万元，就可以直接把节余下来的资金当作注册资金，到科技园去注册公司，科技园占10%的股份，这对教师起到了激励作用，企业注册数量明显增多。以天津理工为例，科研副院长会牵头组织与科技园对接，梳理老师们持有的专利情况，科技园协助学校将专利卖出去，经过这样的尝试，确实有1/4左右的专利找到了用武之地。

天津西青区的区财政状况较好，可见企业创新发展环境的营造对于支持地方经济发展具有重要意义。为了更好地引来金凤凰，西青区管委会已经不叫管委会了，变成企业化运营，叫作西青区经开集团。集团被拆分为若干部门，如招商部、科技部，安排相关工作人员长期驻扎在科技园办公，以能够较好地为创业企业服务。

当前，这个西青区大学科技园是由新华集团来运营的，是一个比较有科技园运营经验的集团。在调研中发现，教师们普遍认为：政府主导的科技园要好一些，比如无息贷款、税收优惠等方面的政策确实能够给企业带来一些便利。

但在调查中也发现，虽然政府主导的科技园在政策保障上有优势，但是行政干预太多也会造成一些不符合市场需求的困境。比如，前几年轰轰烈烈的院地合作项目，经过几年的实践后以失败告终；因为要服务于天津市集成电路产业而引进了清华大学的一个重点实验室，当前见效也不太明显。

对比之下，苏州的科技园更有特色，整体的定位就是要促进园区特色产业的发展，提供真正的服务。经过培育，如果企业能够活下来，就有可能做大。企业一上市，就会卖掉，这种模式与斯坦福大学的模式非常相似。

苏州园区的项目回报率很好，能达到千亿元量级。科技园会真正地打造产业链，比如，为了打造产业链当中的某个环节，科技园会专门请一位教授回国创业。但同时，科技园也是有条件的，要求创业者必须全职创业，需要押上自己的身家，不留退路。

并且，苏州科技园在招商宣传方面下足功夫，一个细节可见一斑：一位天津的教师当时去参加一个行业协会的专业活动，苏州科技局工作人员专门过来给参会人员讲解政策。

另外，一些高校也在积极自建科技园，比如，天津大学、天津工业大学、天津商业大学都分别有自己单独的科技园；天津理工、天津城建和天津农学院是一个科技园。这些科技园也在推动学者进行学术创业的过程中起到了一定作用。做原型是非常烧钱的，所以教师认同学术创业需要科技园来孵化，并且期望科技园根据前景来判断项目的情况。

8.4.3 技术转移办公室

王煜全教授认为，我们的技术转让办公室并没有真正打通学术圈与产业界。高校一般都会设一个技术转让办公室，教授的科研工作有了进展，就要通知技术转让办公室，注册成专利；然后，由技术转让办公室寻找合适的企业，把专利授权出去，让企业从事产品研发。

这套机制很好，但是，它运转得不够完美，仍然有一些好的技术在高校束之高阁，没有被商业化。一项技术，如果五六年都没有转让出去，高校就没有兴趣继续缴纳专利费用，会导致专利失效，这样造成有的技术，明明有很好的商业前景，只是因为被产业界晚看到了两年，就没赶上科技潮流，非常可惜。

在调查中同样发现，中间平台并没有真正发挥作用。高校的科技成果转化办公室，在处理专利的时候，仍然是处于非常前端的位置，办公室本身并没有强大的市场分析能力，对于市场化评估等方面做得都不够，对于真正想要创业的科技企业来说并不能发挥作用，具体表现在：

1.缺乏专业评估能力

在调查中发现，天津市的绝大多数机构成果转化的定位就是中介，寄希望于“左手买、右手卖”。但是，这样的中介机构缺乏专业的审核能力和评价能力，对于收集到的项目不能很好地进行市场化评估，不能科学判断市场价值，也无法有效地连接下游市场。

这方面，国内的成果转化机构与先进相比存在一定的差距，尤其是机构的人员组成方面。成熟的成果转化机构中的工作人员，并不是大学老师，而是各行各业中相对比较成功的企业家。

这样的群体能够发挥重要的作用：①能够对其所在行业的产品专利的价值进行很好的评估。因为这些人创业过，对于市场需求比较了解，能够比较准确地判断产品在这个行业内的前景，判断创业项目在这个行业的应用场景是什么。②能够连接市场需求与科创项目。他们通过对行业需求的判断，再以倒推的方式判断哪些是市场所需要的专利和产品。

2. 成果转化机构有很多是咨询机构和孵化器的内核

不少孵化器是披着孵化器的外衣来进行房租租赁的。以天津市为例，市政府有一段时间给予孵化器补贴，所以有一批创业项目就是通过低价招商过来的，但是并不能提供真正的孵化服务。当房屋租赁补贴的政策优惠取消之后，这些创业项目在这里得不到有效的服务，自然就转向其他机构了。所以，天津市真正做得有特色的孵化器并不多，其中的服务人员，多数都没有自己进行科创的经验，所以也很难将这些资源有效地衔接起来。

因此，机构的关键是要汇聚各行各业的企业家，要有能力对技术、前景等方面进行很好的评估，要对专利、项目的应用场景进行分析，这样才能真正地服务市场。

8.5 学术创业产业环境分析

一般只有具有良好产业前景的技术才会被选择市场化，产业前景包括产业的总体发展现状、国内发展状况、在国际上的技术排名、不可替代性的强弱等方面。科技创业技术所属产业的市场特征对科技创业的成功率有一定的影响。在调研中发现，有的科技创业企业的主要客户群体是政府等，具有很强的购买力和稳定的购买需求，市场风险比较小，能够较快地实现盈利。技术要素是技术创业的关键，也是企业存在的基础，对于高校技术创业，技术创新的持续性最为重要。研究中发现，当企业从高校或科研院所脱胎之后，如果能够与高校或科研院所继续保持良好的合作关系，则企业的发展通常较为顺利，典型的模式是企业与高校或科研院所签订协议，由科研院所负责进行基础研究和应用研究，再转至企业进行产品、商品研发，这样的模式解决了企业在基础研发中所需要的大量资源，节省了成本，同时由高校保留知识产权。

从上述两个问题的角度来看，天津市技术支撑环境主要存在两方面的问题：

第一，产业部署还不够清晰，产业链还有待调整。我们从调研中体会到，良好的产业环境部署能够促进产业聚集，帮助实现行业内的上下游企业串联，有助于科研人员创业企业寻找合作伙伴、解决技术困境、实现市场对接。但是，从现有的情况来看，天津市还没有形成像北京、深圳、武汉那样非常具有特色的产业集群，因此，未能形成在产业内的良好技术互动效应。不过，在当前的经济形势下，天津市下一步将着力推动高质量创新创业，部署了航空航天、高端装备、汽车制造、电子信息、生物医药等智能产业集群，为科研人员的产业聚集带来新的发展契机。

第二，知识产权服务能力还有待提升。随着我国新的“严保护、大保护、快保护、同保护”知识产权环境的形成，天津市知识产权工作已经迈上了一个新台阶。但是，还存在几点不足：一是知识产权运用能力不足，专利转化实施率较低；二是知识产权管理力量较为薄弱，服务不强。

9 学术创业存在的典型问题总结

学术创业具有良好的技术基础，相对于社会上其他类型的创业具有一定的优势：第一，创业者自身持有技术，具备将专业优势转化为现实生产力和企业利润的基础，因此对于产品的实现有相对牢靠的把握，能够较全面地考虑技术实现方面可能存在的问题和困难。第二，具备持续的技术创新力。Freeman指出，任何创新理论必须同时考虑技术和市场两个因素，技术创新是技术和市场相互匹配的过程。对于学术创业者而言，由于他们具备良好的技术基础，能够为产品的快速迭代提供保障。第三，学术创业具有额外创收能力。大部分学术创业者的技术都有一定的应用基础，其除了自身的业务，技术本身具有自我供给的能力，还能够为其他群体提供技术服务。

本章结合具体的调研实例，从资金、技术、市场管理、团队等方面拆解学术创业存在的典型问题。

9.1 资金挑战

能够实现盈利是企业存在的必要条件，然而通过调研和相关新闻报道中发现，对于初创期的科技企业，如何持续获得“造血”能力是需要破解的首要难题。有的企业甚至难以支撑，最终破产。在学术创业过程中亦是如此，而且存在许多共同典型现象。科学家思维惯例是把一项技术做得比较精致，追求技术前沿，但是，由于没有经过充分的市场调研，只追求技术的先进性，大概率是不符合市场需求的。

9.1.1 难以获得的“第一桶金”

“第一桶金”是创业者的第一笔创业收益，它并不是一个静态的数量概念，不局限于某个绝对时点上创业者的获利大小，而是一个动态的管理过程，代表着创业者在创业过程中通过开拓新事业所收获的价值回报，是创业企业与市场接触与融合的第一步。

据创业邦的年度创业报告显示，88.65%的创业者的第一桶金都是来自个人积蓄和亲友资助。例如，调研中，DS公司的L教授也是这种情况，他与合伙人将自己所有的积蓄拿出来，甚至抵押了房产、汽车，全部用于技术研发，而技术研发的投入是巨大的，一度很难维持，整个创业过程十分艰苦。

学术创业者切入市场的过程非常困难，并且创业者经常存在一个共同的困惑：为什么理论上我的技术宏观需求应该很大，但却难以被市场接受？对于市场而言，单一长板对于市场并没有充足的吸引力，案例拆解见表9-1：

表9-1　难以攫取的"第一桶金"案例资料

是否创办企业：是	创业者：M教授	应用领域：石油化工
案例描述： T大学的M教授发明了一种新型采油装置，能够使二次采油率明显提升，对于大幅提升油田的经济效益具有重要价值，并且也通过了多轮试验论证，理论上是完全可行的，但是，M教授却发现，自己很难将这种装置卖给油田，这是为什么呢？		
问题分析： 在实践中发现，该项目想要切入市场，至少存在以下几个方面的障碍： 第一，进入油田市场都需要油田入网证，而入网证的办理对公司资质要求非常严格，这种刚刚成立的公司几乎是无法通过的。 第二，油田体系有相对稳定的物资采购目录，这种横空出世的小企业很难获得油田体系的青睐，难以进入采购目录。 第三，即使与某个油田建立了联系，油田也需要长时间的实验保证新产品的可靠性，初创期的小公司往往难以顶住这样长时间的资金压力。		

如表中案例所描述的，学术创业者在切入市场时，很容易遇到障碍，迟迟难以获得资金回报，常见的影响因素包括：

第一，对市场规则的认识不足。学术创业者在开展创业之前，需要对创业过程的一些关键问题进行考量。例如，自身所属的行业应当到哪个行政部门审批？新企业应当如何注册？股权怎样分配？公司如何选址？创业期应当如何管理企业？创业初期的薪酬设计怎样才合理？如何能够让企业在税收测算中获益？这一系列问题都需要考虑，否则在创业过程中将很容易碰壁，影响创业成功率。以M教授的困境为例，许多学术创业者在创业之初更多地关注技术，忽视了对市场规则的全面认识，忽视市场壁垒、行政审批能否顺利等一系列问题。

第二，对产品与市场对接的过程认识不足。技术创业企业需要经历从基础研究到技术，最终变成商品的过渡，只有使基础技术成为商品才能走入市场，获得市场回报。然而，在访谈中发现，许多创业者都是在产品有了小试原型后开始创业，此时的应用成果尚无法完全和市场匹配，必然无法顺利获得市场回报。同时，由于产品无法适应市场，仍需要投入大量的资金进行产品研发，而此时企业状况很难获得金融机构青睐，导致企业周转困难，陷入严重资金瓶颈，甚至导致企业破产。如果创业者能够清楚认识技术创业规律，将在很大程度上避免企业失败的现象。

第三，经济、社会的发展带来创业环境的改变。一方面，随着经济社会的发展，以及科技水平的提高、市场竞争的加剧，想要在市场上获得创新与突破已经变得越来越困难，而且创业项目层出不穷，竞争日益激烈，获取第一桶金变得难上加难；另一方面，随着互联网时代的来临，信息传播日益透明化、及时化、广泛化，对自主创新的要求更高。

第四，受现有创业环境的影响。我国的创业制度、市场和文化体系造就了独特的创业环境。学术创业者除了要考虑市场规则等问题外，还需要结合实际，对于知识产权、竞争等问题作出预判。

另外，安舜禹等人的实证研究发现，无论是商业关系还是政治关系都在创业导向与新企业绩效间存在积极的中介效应。

9.1.2 融资难是普遍困境

随着企业的发展，资金需求也越来越大，融资成了必要手段。如果企业自有资金维持的效果比较好，且没有扩大规模生产的计划，可以不融资，因为融资会带来成本的提高。不过，在调研中发现，这种融资决策跟创业者团队风格有很大关系，有的创业团队比较保守，认为自己有多大能力做多大事，几乎不考虑股权融资，非必要也不负债；有的创业团队则会不断扩张，通过融资来促进企业发展。

通常来说，除非是在经营管理上有缺口，才会出现借贷。一般情况下，先考虑债权融资，如果仍然不能解决需求的话，再进行股权融资。比如，企业在某一个细分领域中得到了市场的验证，预测未来可能会有较大体量增长，此时融资需求会比较强烈。

表9-2拆解了本次调研中AA科技融资主要方式：

表9-2　AA科技融资方式案例资料

是否创办企业：是	创业者：L教授	应用领域：医疗器械
案例描述： AA科技是一家成立于2017年的医疗器械公司，母公司成立于2009年，已经有了一定的市场基础。AA科技主要采用了股权融资和债权融资相结合的方式融资。 债权融资：纯信用贷款620万元。 股权融资：融资1 500万元。 政府补贴：贷款补贴、高新企业补贴、退税补贴等，共计90万元。		
问题分析： 1. 为何纯信用贷款是首选方式？如何获得？ 2. 什么时候考虑股权融资？ 3. 政府补贴的作用有多大？		

1. 债权融资

债权融资主要就是向银行借贷，用于企业的日常经营管理。对于多数创业企业来说，在创业的前两年，财务问题比较多，一般处于盈亏平衡点之下。这时候，公司的现金流就会出现问题，需要融资。

债权融资主要包括三类：一是纯信用；二是要有抵押物，比如实控人用自己的房产作为抵押；三是借助担保机构。用抵押物进行贷款比较容易，但是很多创业者并不会轻易采取这种方式，除非资金非常紧张，不得不用这种方式。而担保除了银行的利息之外，还要再加上一定的担保金，成本会更高，并且担保机构的要求也不低。所以，创业者通常首选信用贷，通过积极获得各种荣誉、认定，能够比较容易地获得信用贷。

以AA科技为例，其获得了国家级高新企业认定、申请雏鹰计划、专精特新等，成为申请信用贷款的重要背书。很多银行都开发了针对专精特新、高新技术企业的贷款产品。比如，北京银行采用中关村知识产权模式，在北京、天津有多个分行和支行，与担保机构合作，为科创企业提供融资服务。

2. 股权融资

当企业获得某个细分领域的市场验证时，为了进一步发展，就会对股权融资有较大的需求。在调研中发现，学术创业企业在融资时容易出现找不到投资人、投资人资源不匹配、意向达成后资金不到账、股权被稀释等方面的问题。

（1）找不到投资人

在研究中发现，创业者找不到投资人主要有两方面原因：一是对企业自身估值过高，难以跟投资人达成一致；二是只注重技术，缺乏清楚的商业模式，在融资路演时表现得尤为明显。

通过对投资人的访谈，了解到有相当一部分创业者对项目的估值缺乏客观判断，有些创业者在种子期就对项目估值几亿元，直接向投资人要几千万元，合作成功率极低。

另外，在参与项目路演会等场合中发现，学术创业者对于展示项目优势、吸引投资人关注等方面并不擅长，具体见表9-3。

表9-3　W教授的融资路演案例资料

是否创办企业：是	创业者：W教授	应用领域：机械铸造
案例描述： W教授参加了一次融资路演活动，在项目介绍的过程中，对技术大讲特讲，引用大量专业词汇，面对投资人关注的问题却没有很好地解答。		
问题分析： 第一，学术创业者由科研人员转变而来，带有较强的学者色彩，关注技术、轻表达，因此在路演过程中出现了沟通不畅的问题。 第二，学术创业者很容易犯的错误就是把自己想象出来的需求当作刚需推给用户。换言之，学术创业者容易陷入产品导向的误区，满足于技术研发优势，对市场需求的关注不足，所生产的产品并未取得消费者的最终认同，有经验的投资人很容易判断这类创业项目下一步的发展状况，因此对这样的项目都不太看好。		

从W教授的案例中可以看出，学术创业者在创业初期对于融资路演这类融资活动还相对缺乏经验。研究者在对投资人的访谈中发现，大部分投资人最关注三方面问题，可以概括为What、Why、How三个方面：

What是指做什么，即创业者的项目是做什么的？产品有什么样的创新点？能够为客户创造什么样的价值？商业模式是什么样的？市场规模有多大？主要客户是哪些？

Why是指为什么，即为什么需要融资以及可以作为投资的依据，因此需要展现团队情况、竞争对手情况、技术先进性、市场地位、公司管理状况、项目风险等内容。

How是指如何能够给投资人回报，如准备给投资人多少股份、退出方式、未来发展方式、盈利可持续性等。

但是由于缺乏经验，创业者在与投资人的沟通过程中往往不得其法，难以获得投资人的青睐。硅谷顶级创业孵化器YC创业营甚至提供专门的备战演示日、排练日、演示日等培训活动，用来帮助创业者更好地在投资人面前展示项目优势，足可见项目路演的重要性。

（2）投资人资源不匹配

创业初期的学术创业企业，亟须打开市场，强有力的产业投资人将对学术创业企业很有帮助。但很多创业企业由于太过弱小，找不到大的投资机构，很容易迫于资金的压力选择小的投资机构或者纯财务投资机构。例如LQ公司股东背景案例资料见表9-4。

表9-4　LQ公司的股东背景案例资料

是否创办企业：是	创业者：Y教授	应用领域：金属材料
案例描述： LQ公司是一家院地合作企业，成立于2010年，经过7年艰难的维持，最终以失败告终。LQ公司的股东背景包括中科院某研究所、创始人之前创立的公司、两家国有投资公司，股权分别占比40%（纯技术出资）、27%、33%。 LQ公司的产品类型属于中间产品，在质量、产品价格方面都还没有形成优势，对于技术研发的资金需求非常强烈。		
问题分析： LQ公司股权架构背景单一，缺少资本和市场的互动。 第一，虽然LQ公司脱胎于中科院，但成立公司之后，所有的技术研发服务需要向中科院购买，技术研发成本变高； 第二，创始人的关联企业在市场资源方面与LQ公司大同小异，并不能起到彼此支撑和互补的作用。 第三，两家国有投资公司的规模都比较小，没有强有力的产业基金支撑，不能很好地为LQ带来市场资源。 另外，国有投资公司相较于民间投资人，投资流程更为谨慎，很难解决LQ的燃眉之急。		

VP公司是跟LQ同一时期成立的，它的股东构成中包括行业内的一家巨头企业。当时VP公司刚成立不久，这家巨头企业也正在寻找技术合作伙伴，而VP公司的中科院背景就凸显了优势，很快达成合作，巨头企业成为VP强有力的战略投资者。这样的股东为VP带来了丰富的技术研发经验、全球市场拓展的机会、较为成熟的市场运营和企业管理经验，在比较短的时间内推动VP度过创业早期，进入了快速发展期。

（3）意向达成后资金不到账

创业圈有这样一个观点：只要资金没到账，即使签了合同，变数依然存在。在调查中也很多次发现这样的现象，投资人突然撤回意向或者资金迟迟不到账。比如，GD公司融资过程案例资料见表9-5。

表9-5 GD公司的融资过程案例资料

是否创办企业:是	创业者:S教授	应用领域:卫星遥感
案例描述: GD公司刚成立的时候,由于所属行业具有一定的特殊性,获得了一些地方政府的大力支持,因此扩张的速度比较快。 GD公司一直比较自信于自己的技术,不愿意股权被稀释,所以前期多数采取债权融资。但当GD公司基本把政府客户服务完之后,找市场就成了难题,资金流出现了短缺。大量的债权融资使得GD公司的还债成本非常高。 GD公司迫于资金压力,找到了股权融资。当时,投资机构答应投资两亿元,然而,这家机构的资金迟迟没有到账。过了十个月之后,GD公司最终破产。		
问题分析: 大的投资机构同样非常谨慎,需要花时间来观察和验证企业的商业模式是否可行。但GD公司当时已经非常困难了,没有形成清晰、可靠的商业模式,一直找不到适合的市场,最终失败。		

融资不到账的原因有很多,比如,融资机构的资金链出了问题、在正式投资之前发现企业的盈利能力不足、对创始团队不信任、公司经营与商业计划书所描绘的差异过大等,都有可能让之前达成的协议化为泡影。

(4)股权被稀释

创业者该不该融资?何时融资?如何融资?这几个问题是新晋的技术创业者在创业初期经常思考的问题。在调研过程中,发展历史最长、业绩最佳的RL公司的创始人曾表示,在20世纪90年代创业初期,创业团队从未有过融资的想法,一直秉承的是“有多大的能力,做多大的事”,从未发生过银行贷款、股权投资等融资行为。

近年来,随着风险投资的日益发展,寻找融资已经成了创业者创业的一项重要内容。在调研过程中,有的创业者甚至认为,成功引入风险投资就是创业成功。但是,股权融资也可能会带来股权稀释或是被干预较多的问题。有不少案例显示,由于在早期出让了过多的股份,使得创业团队在早期就失去了对整个项目的控制权,最终导致项目失败。另外,由于股权结构不合理,也容易导致融资失败,见表9-6。

表9-6 L教授与投资方的矛盾案例资料

是否创办企业:是	创业者:L教授	应用领域:生物
案例描述: L教授成立的企业运行两年,终于找到了投资方,融资2 000万元。结果,资金方把资金带来之后,表示想要做管理方,但是创业者对此难以接受,因此产生了矛盾和分歧,由于没有与资金方提前约定,造成在后期管理过程中的冲突。		
问题分析: (1)创业者面对发展困境,容易存在急切融资的心理,但是,这样有可能导致后期股权划分的矛盾,以及对于公司实际控制权的矛盾。 (2)技术创业企业通常是轻资产类型,估值比较低,过多介入投资,容易造成股权分散。		

相类似，AA公司的投资管理机构KF也在帮助AA公司融资之后介入了管理。AA公司的创始人认为KF干预过多，而KF认为创始人不懂管理，将企业带入了经营困境，双方也产生了矛盾和分歧。

综上所述，融资难是普遍困境，但归根结底在于创业的商业模式是否能行得通，能够给企业带来持续盈利的能力。当企业经营状况平稳且已经有不错的营收时，比较容易获得融资。但是，一旦扩张速度过快，而企业自身的经营管理又跟不上，就会造成发展瓶颈，甚至引发破产。这对于学术创业的启示在于：如果企业还没有确立清晰且相对长远的发展目标，不要盲目启动融资；更不要将融资成功等同于创业成功，融资成功只是创业过程的一个环节，而非全部。

3.政府补贴

政府补贴的体量相对都比较小，一般是几十万元到上百万元，对学术创业企业来说，相当于“毛毛雨”。但是，政府补贴却可以很好地帮助企业提升形象，对于企业获得债权融资有益处。

比如，建设银行、上海浦东发展银行等银行对获得国家和地方创新创业大赛名次的企业有贷款贴息。这样的企业也比较容易贷款下来。对于企业而言，形成了一种自救策略，先积极申请政府认定、参加大赛，再通过这些资源的积累逐步延伸到贷款上，从而获得融资上的支持。以天津市的“雏鹰计划”政策为例，如果一次性贷款50万元以上，就能够获得一次性5万元的贷款贴息。

所以，对于科创企业来说，政府补贴并不是直接促进企业竞争发展的，而是一种能够减缓企业压力的措施。本研究将这种措施命名为“按摩服务”，即：非必须，但是会让人感到舒服，能缓解压力。

9.2 技术挑战

对于科技创业企业而言，技术创新是整个企业发展的命脉。实际上，技术创新并非单纯的以技术“第一”为标准，而是应当重点考虑市场的承认和占有率。但是，许多学术创业者往往只关注技术的绝对创新性，对于技术能否适应市场则关注不足。除此之外，技术创新过程中的知识产权保护、技术保密、技术持续创新力等方面也存在不同程度的问题。

9.2.1 脱离科研院所后的技术研发压力大

以中科院的院地合作企业为例，当企业脱离中科院之后，就开始自负盈亏，即使中科院在其中占有股份，企业也不再享受中科院的技术支持，需要向中科院支付技术服务费。一些还没有在市场上站稳脚跟的企业，既迫切需要打开市场，又需要技术研发，此时产生的资金需求极大。

并且，此时技术研发的不确定性很大：一方面可能短时间内难以获得技术突破；另一方面即使技术可行，也未必能得到市场的肯定。

9.2.2 对知识产权的认识和保护不足

对于学术创业者而言，技术优势是其核心，因此做好知识产权的保护是必要的。然而，调研中发现，他们对知识产权的保护以及对技术的保密工作都不是非常理想。

一方面，我国的知识产权保护体系还在完善当中；另一方面，创业者的技术保护意识不足。技术保密案例资料见表9-7。

表9-7 技术保密案例资料

是否创办企业：否	创业者：L教授	应用领域：生物
案例描述： L教授发明了一种生物酶制剂，其培育的菌种制剂的活性、半衰期、稳定性等特性均超过同类菌种50%以上，能够大量节省生产成本。而且，这种菌种是完全自主研发的，理论上具有很高的知识产权价值。L教授想卖这种酶制剂，但是面临一个严峻的问题：菌种很容易被获取，技术很容易被抄袭或模仿。		
问题分析： 这一现象表明L教授的创业过程还不够成熟，未能达到被市场所接受的程度，如果需要在市场立足，必须解决技术保密、知识产权保护等方面的问题，以此逐步进入市场。例如，韩国的某家酶制剂企业，为自己的菌种开发了一种诱导剂，即菌种必须两个月加一次特制的诱导剂才能保持活性，否则将失效。		

我国的知识产权保护体系还在持续建设当中，知识产权纠纷的处理比较棘手，创业者需要加强对技术知识产权的保护，而且一些技术是否属于侵权确实很难界定。但正因为如此，创业者更需要提高知识产权的保护意识。

9.3 市场挑战

9.3.1 对市场的认识容易过于乐观

市场营销学认为，市场有三要素，包括人口、购买欲望和购买力。首先要有足够大的市场容量，对于投资者来说，才有一定的空间。

1.GD公司案例

以GD公司的失败经验为例：

第一，创业者在扩张过程中没有认识到GD的市场容量不够大，没有足够的市场需求。

GD属于遥感卫星行业，全国的市场容量只有二三十亿元。在有中小企业板之前，市场容量更小，一个上市公司都没有。该行业还在发展当中，主要顾客群是政府，占到60%~70%的比重，其他顾客群则非常分散。

在学术创业的市场当中，To G与To B、To C的业务模式完全不同的，这决定着客户的定位在哪里、企业发展模式的差异性、营销的手段，甚至也会影响企业文化。GD的主要客户是政府，范围非常局限，并且体量很小。

第二，技术独特性还不够突出。

技术独特性是企业的核心竞争优势，是企业能够实现差异化定位的重要基础。但是，GD所在的行业还没有形成这种独特的技术优势，让客户"非买不可"。在访谈过程中，一个投资人表达："在没有深入接触时，以为遥感是个很大的行业，但是深入接触了之后发现，这个行业的成熟度远远不够。这种不成熟的状态，对于有需求的客户来讲，更像是'挠痒痒'，而不是'拉疖子'。"所谓"挠痒痒"，就是痛点并不够痛，没有到必须要马上解决的程度；所谓"拉疖子"就是市场痛点已经到了必须要解决的程度，而且这个解决方案还是如此精准。具体而言，当下的技术还存在着很大的成长空间。

一是遥感形成的图像并不清晰。在地面是有多种传感器、各种高清摄像头，采集的信息比用卫星观测清楚。所以，当下的遥感产品并没有足够的优势来对抗现有产品。

二是时间成本高。即使有必须要用卫星观测的信息，卫星采集完信息、传输、分析、合成等多种技术流程下来，耗时大概要十几天甚至更久，满足不了时效性的需求，市场份额也抢占不出来。

三是缺少更加成熟的应用场景。虽然GD可以观测一个城市、一个省，甚至是全国，但是除了政府，很少有用户需要这些数据。而且，政府当前的需求量也比较小的。像中交、中建这样大的企业客户，偶尔需要观测全国工程进展情况，但是这样的需求量也很小。

GD也尝试将技术应用到农业中去，比如，判断一亩地的麦子能够收成多少斤，但是，这个准确性并不高，只能达到80%。对于做期货的客户，可能需要这样的数据来预测行业趋势，但是这个需求量依然比较小，而且服务成本较高。

2.RL公司案例

在这方面，已经上了科创板的RL公司，该公司稳扎稳打的市场风格更有说服力。RL公司的背景资料见表9-8。

表9-8 RL公司背景资料

是否创办企业：是	创业者：Y教授	应用领域：高分子材料
案例描述： RL公司是一家专业从事高分子材料抗老化化学助剂产品研发、生产、销售和服务的高新技术企业，在册员工数量有500人左右。RL公司的产品品质已经达到了国际同行业先进厂商同类产品的质量标准。发展至今，公司凭借高性价比的产品和服务，以及高效的国际大客户营销网络与国内外同行企业、国内的行业巨头建立了良好的合作关系，注册资本2亿元，实缴资本9 000万元，已经挂牌创业板。 RL公司前身的一家校办工厂，其创始人Y教授就是当年该校的留校教师，年龄50多岁，创业已有30多年。Y教授与其他案例的区别在于他的企业家角色时间要远远超过他的学者角色时间，而他本人也非常满意当年的选择。		

RL公司的创业过程如下：

李老师的团队创业比较早，正好赶上学术创业的第一阶段——科技体制改革。20世纪80年代，高校就开始鼓励建校办工厂、校企合作，一方面是为了促进科技成果转化，另一方面是为了弥补学校科研经费不足的问题。在这样的背景下，1989年，创始人李老师与自己的同学、师兄弟共同创办了一家校办工厂。

没多久，李老师所在母校的一名教授找到了他们，希望他们帮助把一项已经通过小试的技术转化出来。这个小小的校办企业接下了这个任务，找到了一家合作企业进行技术转化。然而，技术转化并非易事，对于一帮当时还不满30岁的年轻创业者来说，这几年的试验过程中他们经历了太多的技术难题和资金短缺的困境，这项技术转化最终以失败告终。

20世纪90年代初，这个年轻的创业团队在几乎完全陷入困境的情况下，偶然在报纸上看到了一家企业发布的产品需求广告，他们通过自己的努力研发出了小试产品，给这家企业寄了过去，得到了对方的肯定，后来逐渐进行中试、产业化，与这家企业建立了稳定的合作关系，获得了真正意义上的“第一桶金”，也为公司后来的发展指明了方向。在1994—2003年，成为RL公司的起步阶段，确定了公司发展方向，期间主要是研发和小规模生产。

RL公司在成长过程中，从来没有考虑股权融资，理由很简单：“有多大能耐办多大事儿。”

无独有偶，在调研中，我们还发现过另外一家在北京的学术创业企业，现在的年销售额至少七八亿元，有的时候能到十三四亿元，但是他们也从来没有用过股权融资。到现在，这家公司也没有考虑上市。问及创始人的想法时，创始人也表示“有多大能耐办多大事儿。”他们不愿意被上市公司的光环和规章套住，整个初始团队都是这样的想法。他们是“60后”，很快就要退休了，他们的子女都没有从事这个行业，也不想让退休后的自己太累，所以就是继续坚持“研发—订单—生产”这样的固定模式。

当然，这种模式并非适合所有企业。但是，对于创业中的学术企业来说，保持清醒和克制，先将市场稳定下来，然后逐步扩大市场是比较明智的选择。

RL公司凭借技术优势和专业的服务，逐渐在业界赢得了良好的口碑，而且拥有了很多国内和国际上的大客户资源。2003—2012年期间，迎来了RL公司的快速发展期，他们扩大了公司的生产规模，建立了一个大型的生产工厂，能够满足日益增加的生产需求。2008年，RL公司在国外成立了子公司，2011—2012年，又在国内其他两个城市建立了子公司。其间，RL依次获得了天使轮投资、战略投资和A轮投资。2014年，RL公司行业内的龙头企业向其提出了收购方案，但是RL经过深思熟虑后拒绝了龙头企业的提议，选择上市。经过不懈的努力和紧张的筹备，RL公司终于在2019年挂牌科创板，目前在行业内具有一定的影响力。

9.3.2　对市场规律中的产能释放过程认识不足

学术创业中存在一个普遍的现象：创业者开发出了一项产品，并且经过了一系列测试，理论上具有很好的应用价值，想要将产品卖给大的企业。在这过程中，这些学术产品逐步暴露出了产能释放缓慢的问题，表现在大企业通常都有比较稳定的合作伙伴，对于这种小企业的产品购买量不会太大，通常只会买少量产品进行测试。但是，创业者在这个过程中可能会盲目乐观，认为产品可以很快卖掉，对于产品是否能够快速进入市场产生了错误的判断。

大企业最终是否会选择大批量购买小企业的产品，会综合考量产品的质量、小企业的管理水平、能否如期交货等一系列问题，而这个考量过程将会非常漫长。对于大部分小企业来说，都很难顶住这样的资金压力，一旦资金链断裂，就会导致企业破产，创业失败。

9.3.3 将技术创新等同于市场需求

任何一件流通于市场的商品，都是由若干项技术创新组合构成的，绝非某个单一的技术突破就能轻易占据市场，而学术创业者很容易在单个的技术创新面前过度自信。学术创业者往往只强调产品的某些性能指标，但是在市场上，产品的性能价格比非常重要。如表9-9案例所示。

表9-9　盲目技术自信案例资料1

是否创办企业：是	创业者：R教授	应用领域：新材料
案例描述1： R教授发明了一种保温材料，具有防腐、保温的性能，比传统材料（岩棉）的保温性能高一倍，能够在施工过程中节省人力、物力，理论上具有很广阔的市场前景。然而，这种材料相对于岩棉有一个劣势，即温度适应性不足，当温度超过160℃时，这种材料的性能将大大折损。虽然，通常情况下作业环境的温度区间在80℃～120℃，但是偶尔会有突发状况，一旦温度超过160℃，这种新型保温材料的性能就丧失了。		
是否创办企业：否	创业者：H教授	应用领域：光学技术
案例描述2： VR（Virtual Reality）眼镜现在非常流行，有很大的市场空间，其核心技术可以概括为电子技术与光场技术两项。H教授探索出了光场技术，却没有解决电子镀膜的问题，导致这项技术仍然无法市场化。		
问题分析： 这是学术创业过程中存在的一个常见现象，即可能某几项技术指标非常突出，但某一项指标低于市场上现有产品的性能。这类似于“木桶效应”，即一只水桶能装多少水取决于最短的那块木板。如果这项技术的某个指标还没有达到市场上的普遍标准，则根本无法被市场所接纳。		

实际上，任何一项最终走向市场的商品都是多个独立技术的综合体。在产品研究阶段，通常只是某一项或某几项技术的性能有了重大突破，而其他项技术未明显优于市场，则仍然很难被市场所接受，因此，必须尽力使产品转化为商品。真正的商品，必须要保证其所涵盖的每一项技术都达到及格，而某几项优秀。

这一点恰恰被多数学术创业者所忽视，当产品的某些性能尚低于市场普遍标准时，即使其他性能再好也无济于事。这种未被市场所接纳的产品只能称为产品，而非商品。如果强行让这种产品融入市场，则创业失败概率极高。创业者必须认识到，如果产品技术没有实现产业化就会变成没有市场价值的库存，无法成为在市场中流通的商品。

学术创业者容易出现的一个想法是：我的技术非常厉害，绝对能做出来吸引眼球的产品。他们在这样思想的指导下，马上开始实施项目，组建团队，成立公司，开始创业。比如，一个科研人员有一项不错的技术，做出来的产品体验也比较好，而且他有两年的外包服务经验。在这种有技术、有经验的创业条件下，这个科研人员对自己的创业能力比较有信心，认为可以独立创业了。然而，当他组建完团队，运营一段时间之后就发现，这个项目在市场上已经是红海，而自己并没有运营和推广的优势，创业团队也是重技术轻营销。此时，企业由初期的快速成长进入了瓶颈期，市场一直打不开，销售量根本上不去，只能勉强“烧钱”维持，结果导致资金链断裂，项目快速死亡。

这个项目失败的主要原因包括以下几个方面：

第一，创业者对市场的认识不足，对市场前景、行业动态等信息并没有调查清楚，单纯以技术视角来判断市场，明显与市场运行的规律脱节。从根本上说，就是科技成果还不够成熟，不能满足实际市场需求。比如，有的技术只是在某个方面有突破，并不能形成真正的产品创新，没有足够的吸引力。

第二，创业项目还没有明确有效的业务获利模式，因此在运营和推广方面缺少明确的指向性，使市场推广的难度更大。很多时候，技术的应用场景并不明确，或者产品的实际需求并不是那么大，这都会导致项目失去“造血”能力，在成果转化过程当中半途而废。

第三，技术思维模式容易导致企业在面临增长瓶颈时打不开局面，主要表现在以长期“烧钱”进行技术开发。学术研究中的技术开发，主要是为了实现技术在理论上的创新和突破，因此对成本控制等方面并没有绝对的要求，而企业管理过程中的技术开发需要充分考虑成本，创新是为了能够扩大市场容量，为企业节约成本。这两种截然相反的思维方式，很难在短时间内即时转变，因此，容易让学术创业企业陷入危机。

第四，学术创业者在创业早期对于现金流管理、人力资源管理等问题的认识还不足，管理上的漏洞很容易使企业陷入困境。

9.3.4 技术难以落地应用场景

L教授给人的感觉就像是一个有情怀的科学家，他心心念念的都是大事儿，比如，钢材资源用光了怎么办？汽车现在的材料太重了、石油行业的管道结蜡问题肯定是个行业痛点……

L教授在讲述自己的技术应用场景时，就像一个超人，想要去拯救全世界。可是，他面临的问题是非常实际的，就是他以为那些可以落地的领域，好像都不是那么简单。

以石油行业为例，L教授的想法是：石油在管道里时间长了，就会形成一层厚厚的蜡，所以需要定期清蜡，这就很费时费力。而如果应用自己的材料，就能够很好地解决石油管道结蜡的问题，这是多么大的市场需求啊！

然而，L教授接触了石油行业才发现，原来石油行业的市场门槛那么高，首先自己需要取得石油行业的入网资质，而取得这个资质，最少也要3年的时间，并且相关的材料、手续都不是那么容易办下来的。在这期间，企业怎么活下来呢？如果找不到市场，就没有销售收入，没有自我造血的能力。

后来，L教授又尝试3D打印等应用场景，同样并不能很好地被市场接受，因为L教授的材料只是在某些方面性能突出，而并不能颠覆性地解决行业问题，所以很难有客户会选择价格又高、企业规模又小的供应商来采购产品。

一家智库曾经列出了创业公司失败的排名前三的原因：第三名是没有合适团队；第二名是资金链断裂；第一名是产品“无市场需求”，有高达42%的初创公司倒在这里。

同时，在创业过程中，学术创业者要警惕“伪需求”。比如，曾经很火的O2O创业潮，上门理发就是一个典型的伪需求。绝大多数居民小区附近都有理发店，去一趟很方便。剪头发最大的痛点不是去理发店麻烦，而是担心找不到合适的理发师，剪出来的发型不满意。而“上门理发”不但不能解决这个问题，还会额外造成打扫卫生的麻烦和安全隐患。所以，学术创业当中的“伪需求”，很有可能会让企业陷入困境。

L教授的问题就卡在这里，这些所谓的市场需求，是L教授从科学家的角度推演出来的，而不是真正的市场需求。知名投资人吴军在《硅谷来信》中曾提到一个观点，在自然科学领域可以遵循理性主义，而在社会科学领域，则应当更相信经验主义。学术创业，就像是把自然科学与社会科学相结合的过程，技术创新本身是自然科学，但是把技术市场化，则需要考虑市场需求、管理、融资等社会科学的内容。L教授缺乏市场经验，他把科学技术的进步与市场需求画了等号，但实际上是根本无法落地的应用场景。

9.4 管理挑战

9.4.1 创业者的创业能力

如果创始人在长时间内不能开拓市场、公司管理制度迟迟跟不上、技术创新没有突破等，时间一久，其他合伙人和团队成员就会开始质疑创始人的能力。在学术创业过程中，能力冲突也非常常见，即创始人能力与企业发展需求不相匹配而造成的冲突。

1. 创始人的格局

创始人个人德行方面的特征，包括心胸、韧性、责任心、理性等，如果创始人在创业过程中心胸狭窄、缺乏公正性、任人唯亲等，会让其他合伙人和团队成员对其缺乏信任，甚至会造成整个团队的土崩瓦解，必然会影响企业的发展。

比如，此次调查中有一家企业，创始人A教授是技术持有者，也是股权的实际控制人。另外一个合伙人是公司的实际经营者B总，他负责市场、销售、经营管理等方面。但是，随着公司的发展，A教授感觉自己失去了公司的掌控权，仿佛被架空了一般。A教授产生了困惑：技术不是根本吗？股权的实际控制人不应该是我吗？公司为何都在听B总指挥？

逐渐，公司里开始产生了一些不愉快，双方都想占据主导权。但是，整个过程非常不顺利，以至于合伙人B总带着整个销售团队离开了，A教授只得重新组建团队。

在调研过程中发现，创始人的风格直接影响着企业的发展状况。一个有魄力、有能力、技术能力过硬、能够平衡各类关系、能整合各类资源、明确企业未来发展方向、为企业拿来订单的“领头羊”是带领整个企业走向成功的关键。

2. 创始人的决策水平

学术创业企业的风险很大，创业者的决策失误可能会导致企业失败。比如，表9-5中提到的GD公司，在创业失败后总结出多项决策失误：

第一，初始团队对公司估值过高，拒绝了强有力的战略投资者。公司的股东构成非常单一，只有科研院所、投资管理机构和财务投资者，都不能很好地带来市场资源。这也导致公司在进行商业决策时，视野受局限，出现决策失误的风险变大。

第二，错误地使用融资工具，导致公司负债水平过高。因为担心股权被稀释，GD公司在早期全部使用债权融资。并且，由于过于乐观的技术自信，快速的扩张就导致公司需要拿大量的利润来还利息，造成现金流紧张，导致后来的运营捉襟见肘。

第三，过早丢掉了科研院所的股东结构。因为脱离了科研院所之后，就需要向科研院所支付技术服务费用。在发展过程中，GD公司认为科研院所已经不能支撑其发展，还增加了成本，同时，在管理上也感觉到有掣肘之处，于是就将科研院所从股东中清退。这使得GD公司要向科研院所支付技术服务费用，反而增加了不少成本。又因为GD公司的主要客户是政府部门，没有科研院所的"背书"其品牌的影响力下降。

由此可见，创业者的决策水平对企业的生存和发展产生决定性的影响。但是，学术创业者毕竟是从学者转型过来，在决策时难免带有科学家决策的风格。所以，在创业过程中，学术创业同样需要经验的支持，这也是为什么连续创业者更容易成功的原因。

9.4.2 创业初期的管理制度漏洞

初创企业要实现又快又好的成长，一方面领导者及团队素质起决定性作用，另一方面需要建立必要的规章制度。创业企业的成长内驱力依赖于团队成员，尤其是共同创始人及早期核心员工。但是，创业团队的价值创造力依赖于企业的制度安排及制度与创业团队的互动。

1.初创企业需要一个适合的初始制度

初创企业需要一个适合企业发展的初始制度，并且随着企业的不断发展建立起相应的制度，促进企业价值力创造、保持和可持续提升。

制度安排包括企业的治理机制和日常管理制度，其中治理机制是基础和核心。一些企业在创业之初，内部没有进行清晰的股权分配，很多人一般也认为不必要，但等到企业开始做大，他们又发现这时进行股权分配，难度非常大，会引发各种内部矛盾。企业内部缺乏清晰的股权分配，是一些一度发展不错的企业走向解体的重要原因。企业创始人的股份问题也是决定一些企业成败的因素。

2.初创企业需要一个适合的股份分配比例

有的创始企业有多位创始人，股份平均分配。有的核心创业者在创业之初获得了一些人才和资源，很早就把股份“撒胡椒面”般分给很多人。但是，当这些创业企业发展遇到重大决策且意见不一时，常常无人可以最终拍板定夺。

创业制度的不合理是企业创业失败的一个重要原因，早期创业制度安排不合适，将会严重影响企业的价值创造力；或者新企业虽然在早期有所发展，但是企业价值创造力的可持续性不足，影响企业成长。

创业制度不合理造成的问题可能包括以下几个方面：第一，核心创业团队缺乏长期动力，甚至会出现道德风险；第二，员工缺乏良好的工作效率；第三，经常出现“议而不决”，严重影响决策效率；第四，无法吸引和留住优秀人才。

随着企业的发展，大部分学术创业者都会认识到管理的重要性。例如，RL公司在创业之初就建立了自己的管理制度，并且随着企业的发展，不断对制度进行完善，通过了ISO9000质量管理体系认证。

9.5　人才挑战

人才团队是企业在创业过程中所需要的人力资源，包括技术人员、管理人员和财务人员等。在学术创业体系中，大部分由技术持有者担任企业总经理或董事长，同时带领团队的部分核心成员进入企业。这种模式下，团队相对凝聚力较强。但是，由于科研工作者长期的工作重心偏重于科研，因此，可能存在管理能力相对薄弱的情况。同时，也有一些企业都聘请了职业经理人，解决了部分管理困境。除此之外，参与投资的投资人也有可能介入企业管理。

人才聚集受产业环境影响较大，例如，在中关村聚集大批专业人才，形成了滚雪球效应。但是，如果产业聚集不明确，则企业在招聘过程中确实会遭遇困境，很难招募到专业人才。产业布局比较清晰并且发展势头良好的地区能够吸引到更加专业的人才。

9.5.1　创业团队的构成容易存在不足

狭义的创业团队，是指企业的共同创始人。一般来说，成功的科技创业企业的共同创始人都是两人，虽然这可能只是巧合，但是恰恰说明企业的共同创始人不宜太多，否则容易使沟通成本过高，影响快速，灵活决策；另外，还可能过早地造成股权分散，对于企业的长期发展不利。

广义的创业团队是指共同创始人和早期重要员工。在新企业的筹建过程中，创业发起人在识别商业机会和规划创业目标的时候，需要充分考虑为了实现目标需要什么样的人才和资源，找到适合的人员，组建起创业团队。

由于科技创业面临多元化不确定性、高风险性、企业间关系网络依赖性等情况，因此，多以能取得优势互补的团队创业形式展开。并且，技术型创业企业的成长高度依赖创业团队，创业团队是影响科技创业企业生存和成长的关键要素。创业团队影响甚至决定创业成败。创业团队的构成及异质性是创业团队研究的基础性问题。所谓团队异质性是指团队成员间的人口特征以及重要的认知观念、价值观、经验等方面表现出来的差异化。

本研究所界定的创业团队，是指广义的创业团队，包括共同创始人和早期重要员工，包括技术支持、管理团队以及资金方等。研究者在文献梳理及调研过程中发现，学术创业团队容易存在以下几方面的典型误区：

第一，同质化。

由于学术创业者的社会网络资源比较有限，因此，倾向于选择与自己背景、教育和经历都非常接近的合作创业者。虽然这样在初始阶段可能决策起来更为快速，但是也容易存在感情、面子为重的问题。由于缺乏制度建设，很容易在后期出现矛盾分歧。胡望斌（2014）等人的研究发现，创业团队社会性异质性与企业绩效呈倒U关系；功能性异质性中的产业经验异质性、职能经验异质性分别与企业绩效呈正向和倒U关系；风险承担性与先动性强化了团队异质性与创业绩效的倒U关系，而创新性作用则相反。行业经验异质性显著正向影响新企业绩效，即不同行业背景的团队成员掌握了不同的行业信息和知识，行业经验异质性意味着更多的信息来源和多样化的行业知识，从而帮助创业团队识别和发掘更好的市场机会，提升企业绩效。领导者乐观心理正向调节行业经验异质性、职能经验异质性与新企业绩效之间的关系。

第二，缺乏有效沟通。

在企业初创阶段，经常面临很多不确定性情境，需要作出各种类型的决策，如果团队不能实现有效沟通，在团队成员之间产生矛盾和猜忌，就很容易给企业成长带来潜在问题，埋下隐患。成功的大公司的创始人，都会进行正式和非正式的交流。定期正式的工作回顾和讨论、定期非正式的交流都是有效的沟通方式。然而，学术创业企业很容易忽视这个问题，由于创业者是学者出身，可能并不习惯这种交流方式，偏好自己决策，个人的主观性比较强，这样很容易与其他合作者产生矛盾。

例如，我们在调研中发现，B教授在创业初期，习惯在主观上判断一个技术方向，并投入大量的人力、物力、财力进行研发，在这个过程中引起了合作伙伴、投资人等的不满。结果，最终出现的局面是很难找到对接的下游企业，产品一直没有卖出去。

在吸取了经验教训之后，B教授的企业调整了发展方式，增加了沟通交流，找到了一个目标客户，与该厂家签订了合作协议，根据厂家的实际需求对产品指标进行修正与改善，经过一段时间的磨合，终于有所突破。

学术创业者在创业过程中，经常采用学术研究的思维，主观判断技术的未来改善方向，并进行改善，但学术价值上的技术改进并不一定与市场方向吻合，这在一定程度上阻碍了学术创业道路。

因此，学术创业者应当注意与其他创业成员的沟通，避免由于个人经验不足而又过于主观而引起的决策失误。另外，学术创业企业一定要与目标客户（应用方）结合起来，对技术需求进行全方位的沟通，对应用需求进行紧密结合，否则技术改进的方向可能会很盲目，与市场需求脱节，生产出的产品根本卖不出去。

因此，学术创业企业在创业团队的设计方面，应当注意相似性与互补性的均衡。相似性是指在个人特征和动机上保持相似性，尤其是价值观和信念方面；互补性主要是知识、技能、经验和性格上的互补。创业团队在相似性和互补性之间保持均衡，同时适当优先互补性，为企业打造一个拥有宽广知识、技能和经验的创业团队，是新企业走向成功的重要保障。

9.5.2　合作伙伴的选择过程中存在风险

第一，学术创业者由于缺乏管理经验，或者管理能力不足，在管理企业的过程中往往难以独揽大局。但是，学术创业者通常会把自己的技术视若珍宝，判断经常高于市场价值。在与资金方、管理方的合作过程中，过于看重自己的技术，对其他要素估计不足，因此，容易产生意见分歧。如果长期处于此种状态，对于企业的发展非常不利，企业很难做大。

第二，正如前文所提到的，科技创业在前期资金链非常紧张，因此急需资金，所以在选择合作伙伴时会非常匆忙。由于在选择合作伙伴时的不谨慎，很容易造成后期合作上的理念矛盾。

第三，制度设计不完善。由于缺乏相应的管理经验，许多创业者都未建立起规范的公司制度，例如，在与资金方、管理方的权责划分、股权分配等方面都存在制度漏洞，为后续的公司管理留下了很大的隐患。一方面，在创业者成立公司及管理公司的过程中，由于对法律事务的了解和相关知识经验不足，为后期的管理留下隐患；另一方面，在公司成立之初，通常是学术创业者，即技术方占主动权，随着公司的运行，技术也被逐渐公开，资金方与管理方占主动权。在主动权转移的过程中，通过建立规范、完善的公司管理制度，可以在一定程度上避免公司内部发生巨大震荡。然而，在调研过程中发现，90%左右的创业者对公司管理制度重视程度不足，甚至严重忽视。

实际上，现在的《中华人民共和国公司法》经过修正，有一定的弹性，关于公司管理的规定都可以在《中华人民共和国公司法》的基础上，在公司章程中规定出来。

9.5.3 对职业经理人并未形成共识

在调研过程中发现，近几年的创业企业偏好于找职业经理人。而比较早期的创业者，他们对职业经理人并没有明显的偏好，主要有两方面的考量：第一，技术创业企业对技术的要求很高，他们更偏好懂技术的管理者；第二，企业是从无到有、从小到大逐渐培养起来的，创业团队以及早期的重要员工对企业的感情都比较深厚，他们并不相信职业经理人也能对企业付出同样的感情，认为一旦职业经理人离开，可能会对企业的管理造成不良影响。

9.5.4 人才来源的渠道比较有限

在调研过程中发现，学术创业企业的人才来源可以概括为三个方面：

第一，从学校及科研院所中原有的科研团队中获得。在调研中发现，大部分创业者都会从原有的科研团队中寻找人才，或作为共同创始人，或作为重要的技术研发人员。

第二，人才培养渠道。企业通过招聘等途径，招募一些技术人才，并进行定向培养，把这批人培养成企业发展所需要的技术骨干。

第三，专家顾问渠道。随着企业的发展，企业规模逐渐扩大，逐渐有能力聘用一些行业内的知名人士作为顾问，或者邀请一些知名人士进行座谈，以及通过与国外公司的合作接触一些行业内的国际专家、技术人才等，将这些群体作为企业发展的重要顾问。

◎第四部分
理论应用及对策建议

10

推动学术创业发展对策建议

“要把论文写在祖国的大地上。”同样的，科技成果转化也是如此。经济学家何帆在《变量》一书中，曾举过无人机企业极飞的例子，这个企业用“高大上”的无人机帮农民撒药，用无人机测绘农田，在乡村振兴的道路上走出一条新路子。按照学术创业支撑体系的逻辑，本研究提出了推动学术创业发展的对策建议。

10.1 个体层面：学术创业者的成长

虽然当前对于科技创新的需求非常旺盛，但是让科研人员一股脑地创业却并不是一件理智的事情，更好的做法是鼓励科技人员把成果和专利转让给企业，成为企业的科学顾问，而不是自己直接创业做公司。一是毕竟术业有专攻，一边做科研一边管理企业很难均衡；二是科研与市场本来就存在鸿沟。

因此，需要加强科研人员创业认知，提升企业家素养。

第一，增加对市场规则和企业管理的认知，如对所属行业归口的审批部门、市场准入门槛、新企业如何注册、股权架构设计、薪酬体系等基本问题的了解，减少碰壁次数，提升创业效率。

第二，充分认识创业过程的规律，不要盲目开展创业。如充分认识产品原型与真正的商品之间还有一大段距离、产品的产能释放本身需要一段时间等。

第三，科研人员在由学者向企业家角色转变时，应当注意个性方面的匹配与调整。创始人的创业态度、能力素质对于企业的发展至关重要，因此创业者心胸必须宽广，尊重市场规律，形成合理而远大的创业愿景，让创业团队认可、信服。另外，创业者要培养自身的企业管理能力，与合伙人处理好关系，避免后期因理念、利益冲突，而导致公司发展不稳定。

10.2　学术创业支撑体系的构建

基于科技人员创业过程需求的探索和对天津市的科技人员创业环境的评价，本研究绘制了高校、社会、政府三个层次的科技人员创业支撑体系模型图，将立体化服务于科技人员创业的资金、技术、人才、市场等需求立体呈现，系统模型如图10-1所示。

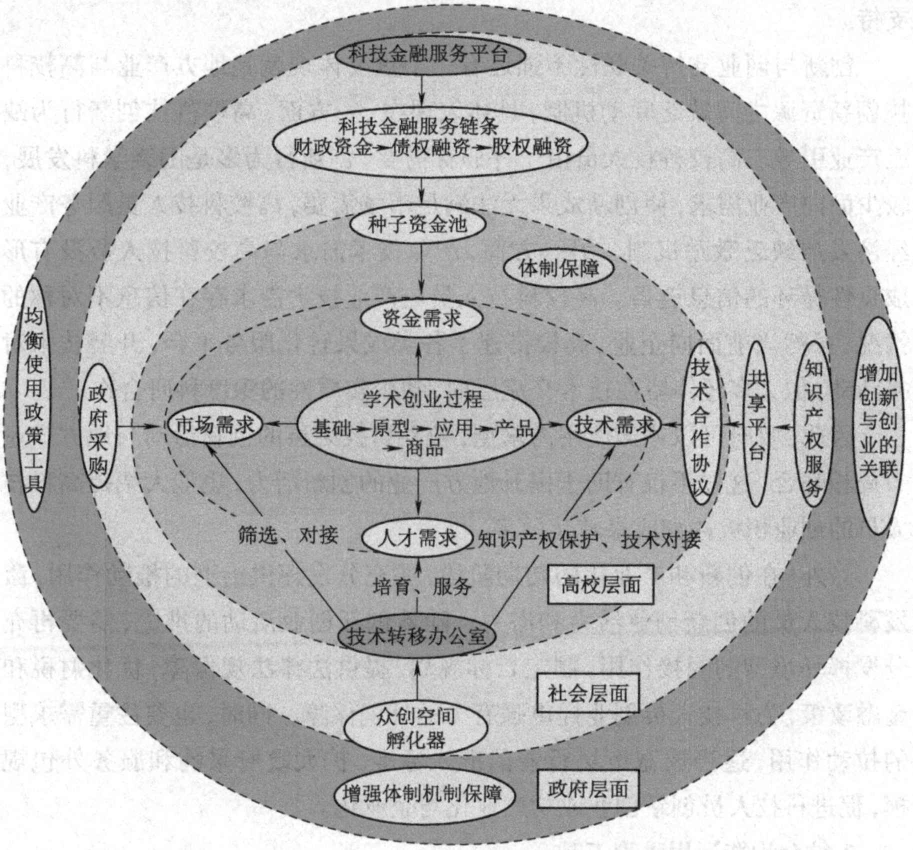

图10-1　科技人员创业支撑体系模型图

10.2.1 政府层面

Perkmann(佩克尔曼)提出，提高社会资本、降低转化成本有利于培养学术型企业家。因此，本研究建议从加强创新与创业的内在关联、综合均衡运用政策工具、完善体制保障机制、加大科技成果转化服务人才培养力度四个方面进行强化设置。

1.加强创新与创业的内在关联

从天津市现有的创新创业政策分析来看，实际上创新与创业之间还相对独立，对科技人员的支持主要在创新上，而对在创新基础上进行创业活动的扶持力度则相对薄弱。因此，应进一步加强创新与创业融合发展的使用，针对科技人员在创新创业过程中的各个环节和发展阶段，给予全方位的支持。

创新与创业支持关联性不强还有一个重要体现就是地方产业与高校科技创新资源之间缺乏联动机制，具体表现在：一方面，高校科技创新行为缺乏产业引导。高校科技人员由于评职称需要，创新行为多是围绕学科发展，较少面向产业需求，使创新成果无法满足市场需要，高校科技人员服务产业经济发展缺乏激励机制。另一方面，产业技术需求与高校科技人员没有形成良性循环的信息链条。高校科技人员与产业技术需求存在信息不对称的情况，虽然当前面向企业、高校搭建了各类成果转化服务平台，开展技术对接活动，但大多还停留在技术交流层面，缺少实质性的深度科研合作。

因此，政府可以适当使用需求型，拉动科技人员的创新活动与地方产业布局相吻合，这样不仅有助于提升地方产业的创新活力，也能大幅提高科技人员的创业积极性和成果转化效率。

另外，在创新和产业化的初期阶段，要充分发挥供给型的推动作用，激发科技人员的创新创业活力和潜力。随着创新创业活动的推进，需要再充分发挥环境型的间接作用，制定目标规划，提供法律法规保障，优化财税和金融政策，为科技人员创业提供强有力的环境保障。同时，也要注重需求型的拉动作用，适当放宽市场行业的准入标准，扩大政府采购和服务外包规模，促进科技人员创新创业成功产业化与企业化。

2.综合均衡运用政策工具

从现有的分析情况来看，供给型存在稍有过溢的情况，而需求型则相对不足。在推动科技人员创业的初步阶段，供给型和环境型能够有效促进创业活动，但随着进入中期发展阶段，要全面、均衡地使用，可适当降低供给型和环境型的使用频率，着力提升需求型的拉动作用。例如，可以减少政府的直接财政资金投入，发挥PPP模式的优势，广泛吸纳社会资本，增加社会资金对科技人员创业的支持；增加需求型的使用频率，通过放宽市场准入标准，降低创新创业门槛，扩大政府采购和服务外包规模，为科技人员的成果转化过程的可持续发展提供后续支持。

3.完善体制保障机制

从分析情况来看，虽然创新创业政策相对完善，但是高校在鼓励科技人员创业方面的落地实施方面还较为薄弱，政府可以引导高校建立科技人员创业走出去和引进来人事补偿机制，从体制上肯定科技人员的学术创业行为。

另外，政府相关部门应该重视高校和科研机构的创业文化环境建设，深化产学研合作理念。政府可为高校专门设立创业培训机构，加强科研人员对于创新创业的了解，加强其与企业间的科技创业信息交流，要在源头上确保成果完成后能够及时进行成果转化。相关部门应当建立良好的信息交流平台，让科研人员与市场需求对接，以提升科研成果转化效率。

除此之外，还可以尝试沙盒创新的思路，如以色列是创新创业做得非常成功的国家之一，虽然国土面积小，自然资源匮乏，而且还长期处于纷争当中。但即使在这样的条件下，以色列却能一跃成为世界经济和科技强国，科技创业公司多达4 000多家。在当前创业政策下，科技人员创业在一定程度上也存在沙盒边界，可以从政策上引导高校科技人员的沙盒创新行为。

4.加大科技成果转化服务人才培养力度

在研究中发现，学术创业企业的科技金融服务需求并没有被真正满足。通过直接创办企业，并不是最佳的科技与经济的转化形式，为企业提供技术咨询服务，也许是比较好的一种路径。但实际上，当前的科技金融服务、科技成果转化人才都相对不足，很多科技成果转化机构，都不能真正起到桥梁的作用，而只是提供基础的场地、企业对接、业务代办等服务。

科技成果转化工作是实用性很强的职业，对技术经纪人的要求很高，要理解知识产权、技术合同、技术经济实务等基本原理，具备技术中介能力。

因此，应当设计利益驱动机制，让行业内大的企业家加入体系中来。持有专利或技术的科研人员，如果想顺利地把产品卖出去，就需要准确地对接市场需求。好的技术转移机构，对于行业的上下游都比较了解，能够实现资源的嫁接，通常是比较大的企业家，才具备这样的能力。但是，企业家有自己的产业，在当前的机制当中，企业家并没有足够的动力来做这件事。创业维艰，对于大部分企业家来说，能够做好自己的企业就是一个不简单的事情，因此也更没有意愿去做这样的服务。在当前的环境下，如果企业家有多余的精力和资金，企业家更愿意做投资，而不是做科技成果转化服务。

10.2.2 高校层面

1. 落实科技人员创业政策，完善体制机制

首先，高校给予科技人员更灵活的工作自主权，将离岗创业的政策落到实处，允许科技人员非全日制工作，全面解除科技人员创业需要放弃稳定的大学教职岗位的顾虑和担忧。虽然已经有宏观政策鼓励科技人员创业，但实际上，政策落实需要深入高校的内部管理环节，而目前还缺少具体的保障措施和监督，所以在根本上并没有很好地贯彻落实政府的指导性政策。因此，一是要推动对高校管理制度进行系统的修订，落实高校对创业人员的人事关系、职称评审、绩效考核等方面的政策关联；二是要引导高校转变科研管理模式，将高校对科研成果的事务管理转变为对科技人员的创业活动服务，组建技术转移服务机构，建立非营利性的创业资金池，逐步完善科技人员的创业保障机制。

其次，要将高校的创新研究与天津市的产业需求结合起来，形成产学研联动机制，通过设立专项资金等形式，引导科技人员的创新创业活动与地方的产业需求相结合。

2. 提供专业化的技术转移服务保障

我国的产学研合作办公室体系正在发展当中，专业服务水平还可以进一步提升。因此，可以尝试以下措施：

（1）鼓励引进先进管理模式。在高校推广建设技术转移服务机构，鼓励机构引进先进的经营方式和管理模式，提升服务的专业性，要能够充分发挥机构的桥梁作用，推动科技人员的技术发展专利向市场化发展。

（2）强化机构的培训和服务功能。高校技术转移服务机构还要加强科技人员创业的技能培训和创业服务指导，增强科技人员的创业认识，提高创业能力，提高创业成功率。

（3）提升服务专员的业务能力。有研究表明，那些有技术转让服务专员的高校，所创办企业的数量要明显高于那些没有服务专员的高校。技术创业团队在开拓市场或者转让技术时，都需要耗费大量的资金和精力，因此，可以通过服务机构的服务专员，借助他们与专利代理人合作、与供应商谈判、进行市场调研、对接投资机构等。

（4）统筹、升级服务机构的外部资源。科技人员创业者在创业过程中有资金、技术、服务、人才等多方面的需求，因此，服务机构需要维护和开发一些重要的创业资源，如投资人、职业经理人、财务顾问、技术顾问等，建立外部资源智库，可以协助为科技人员的创业解决困难。

3. 鼓励高校对科技人员提供早期创业资金支持

在高校建立种子资金池，鼓励高校对科技人员提供早期创业资金支持。科技人员的创业团队在前期进行技术完善、市场开拓等过程时，都需要大量的前期资金投入。地方高校也可以尝试建立“种子资金池”，先通过申请财政补贴、校友捐赠等形式形成原始资金池，之后可以采用约定资金偿还比例（利率低于信贷机构）、股权分配比例（低于社会风险投资的股权比例）等方式，给创业团队一定的缓冲期，这样既能解决创业团队种子期的资金困境，又能保障资金池的循环利用。

4. 建立科技人员与高校的技术协同模式

在创业过程中，如果能够与高校和科研院所建立良好的技术协同研发关系，则能够大大降低科技人员创业的研发成本。如中科蓝鲸的模式是由中科院负责基础研究，公司则负责将技术产业化，互利共赢，中科理化完全从中科院中脱离出来，面临很大的研发压力。

一些大学也对科技人员使用大学资源有着较为宽松的政策，为科技人员的创业解决后续科研条件，如，提供设备、实验场所租赁等服务。创业团队可以与高校或科研院所将知识产权的归属予以合理约定，并签署协议，避免知识产权纠纷。

10.2.3　社会层面

1. 打造科技金融服务链条，完善社会资金支持体系

第一，根据科技创业企业特征，打造一条贯穿企业成长全过程的科技金融服务链条，即种子期以政府资助为主，初创期配以天使投资，发展期加强银行担保信贷，成长期寻找PE/VC，成熟期配套上市辅导的完整金融服务链条。

第二，提高政府扶持资金使用效率，建立以绩效评价与后补助方式为特色的资助项目管理体系；探索建立财政、国资收益和社会资金多渠道并举的滚动投入机制，为天津市引导基金的发展提供可持续的资金供给源。

第三，要完善资本市场的资金支持体系，充分发挥天使投资、PE/VC的资金支持作用。委托专业化管理团队，采取市场化运作模式，最大化发挥引导基金的作用，支持各类所有制形式投资机构发展。

第四，要继续发挥科技金融服务平台的服务职能，并且要大力加强科技金融复合型人才培养。例如，在发挥现有科技金融服务平台职能的基础上，还可以协同京津冀地区企业、高校、政府及金融机构的力量，整合科技+人才、资本+产业等关键要素，建立科技金融区域协同创新中心；充分运用政府引导与市场需求拉动两种机制，着力培养科技金融复合型人才。

2.加强共享平台建设，提供技术资源支持

加强共享平台建设，为科技人员创业提供技术资源支持。从现有政策来看，许多地方政府都出台了相关大型平台共享的管理办法，如《市科委市财政局关于印发天津市大型科学仪器开放共享实施细则的通知》，通过财政补贴的方式，让拥有大型科学仪器设备的高校、科研院所和企业，主动成为共享平台的供给方，并为中小企业提供技术服务。

除此之外，还可以借鉴其他省市做法，将政府财政资金购置的科学仪器设备，通通纳入共享平台供给会员，并在网站上公布仪器设备、收费标准、服务项目等信息和服务条约，为中小微企业提供技术服务。

3. 构建科技创业服务联盟

（1）提升孵化器、众创空间的服务能力

虽然天津市目前已经有数量不少的孵化平台，但是有部分平台存在定位不清晰、孵化过程不明确、管理体制混乱等问题，甚至，有的孵化平台离开政府支持后难以维持自身运营。因此，可以围绕科技人员创业主题，与高校联盟、合作，建立专业性强、资源广泛、管理水平高的创新孵化平台，在创业团队脱离高校的技术转移服务后，继续为科技人员创业提供优质的孵化服务。

（2）优化知识产权服务体系

知识产权处于科技人员创新创业实践中的核心地位，因此应当加强对科技人员的知识产权保护，优化知识产权服务体系。一是增强对知识产权申请的把关质量，引导科技人员提高成果水平；二是要保护发明人的利益诉求和合法的社会地位，制定合理的奖励比例，维护发明人的经济权益，使发明人与所在单位形成利益共同体，驱动学者不断进行知识创新；三是要加强知识产权的保护和侵权的惩处力度，完善侵权查处机制，构建维权服务网络；四是要大力培育知识产权服务人才，增加专业人才，为科技人员创业提供更好的知识产权保护服务。

结语

学术创业是创新与发展的关键力量，在国家层面、教育层面和个人发展层面都具有重要意义。但是，学术创业也存在难以跨越的达尔文海以及学术创业者由学者向企业家转型难等方面的现实困境，创业失败率高。针对学术创业的价值和困境，本研究的主要理论贡献是通过扎实的案例研究，从四个侧面构建了学术创业的相关理论：①描绘学术创业生态体系；②构建学术创业过程理论；③阐释基于院地合作的学术创业模式；④构建学术创业行为地图理论。

学术创业企业在资金、技术、市场、管理、人才等方面都存在一些独特的挑战，必须清醒地认识到其中存在的规律才能更好地开展创业实践，把科技成果转化为现实的生产力。

总体而言，学术创业充满机遇和挑战，其成功和失败都并非单一因素的作用，需要从个体、政府、高校、社会四个层面共同协同。

参考文献

[1] BYERS T. Top 10 elements of technology entrepreneurship for hig-growth innovation[EB/OL] http://soe. Stanford. edu/pubs/topteneshiplessons_byers_2010_5322.pdf.

[2] 李华晶.学者、学术组织与环境：学术创业研究评析[J].科学学与科学技术管理，2009(2)：51-54.

[3] SHANE S，LOCKEEA E A，COLLINS C J. Entrepreneurial motivation[J]. Human Resource Management Review，2003，13(2)：257-279.

[4] SHANE S. Academic entrepreneurship：university spinoffs and wealth creation[M]. Northampton：Edward Elgar，2004：1-2.

[5] AUTIO E，KENNEY M，MUSTAR P，et al. Entrepreneuria linnovation：the importance of context [J]. Research Policy. 2014，43(7)：1097-1108.

[6] 张玉利，陈寒松，薛红志，等.创业管理[M].4版.北京：机械工业出版社，2017.

[7] BAUMOL W J. Education for Innovation：Entrepreneurial Breakthroughs Versus Corporate Incremental Improvements[J]. NBER Innovation Policy and the Economy，2016(5)：33-56.

[8] 李秀坤，尹西明.新发展格局下中国高校科技成果转化的机遇、挑战与对策[J].国家教育行政学院学报，2021(7)：76-83.

[9] 高伟.如何建立基于科技自立自强的产业创新生态系统[J].科学学研究，2021，39(5)：774-776.

[10] WU W，ZHOU Y. The Third Mission Stalled:Universities in China's technological progress[J].The Journal of Technology Transfer，2012，37(6)：812-827.

[11] 尹西明，陈劲，李纪珍，等.科技自立自强视角下国内外学术创业研究进展与展望[J].信息与管理研究，2021，6(6)：40-58.

[12] 格鲁伯.美国创新简史：科技如何助推经济增长[M].穆风良，译.北京：中信出版社，2021.
[13] 陈明哲.承传行践：全方位管理学者的淬炼(明哲文选)[M].北京：机械工业出版社，2020.
[14] 刘井建. 基于学习观与 Penrose成长论的技术创业企业成长机理研究[J].科学学与科学技术管理，2010(7)：116-122.
[15] 赵岑，张帏，姜彦福. 基于与大企业联盟的学术创业企业成长机制[J].科研管理，2012，33(2)：97-106.
[16] 中国科学院，中国工程院.百名院士谈建设科技强国[M].北京：人民出版社，2019：93.
[17] 汪怿. 学术创业：内涵、瓶颈与推进策略[J].教育发展研究，2013(17)：15-23.
[18] JONES E D. A typology of technology based entrepreneurs：A model based on previous occupational background[J]. International Journal of Entrepreneurial Behavior and Research，1995，1(1)：26-47.
[19] BARDEN P L. Technological entrepreneurship-the allocation of time and money in technology-based firms[R]. Michigan Business Reports ，1977：26-31.
[20] 李华晶. 学者、学术组织与环境：学术创业研究评析[J].科学学与科学技术管理，2009(2)：51-54.
[21] 林培思，李晔馨. 学术创业研究热点及未来趋势[J/OL].科学与管理：1-11[2022-02-08].http：//kns.cnki.net/kcms/detail/37.1020.G3.20211214.1424.004.html.
[22] SIEGEL D S ，WRIGHT M. Academic Entrepreneurship：time for a Rethink[J] British Journal of Management，2015，26 (4)：582-595.
[23] RATINHO T，HARMS R，WALSH S. Structuring the Technology Entrepreneurship publication landscape：Making sense out of chaos[J]. Technological Forecasting and Social Change，2015，100：168-175.
[24] BÜCHI G，CUGNO M，CASTAGNOLI R. Smart factory performance and Industry 4.0[J/OL]. Technological Forecasting and Social Change，2020，150：119-790. https：//doi.org/10.1016/j.techfore.2019.119790.
[25] BELIAEVA T，FERASSO M ，KRAUS S，et al. Dynamics of

digital entrepreneurship and the innovation ecosystem: A multilevel perspective[J]. International Journal of Entrepreneurial Behaviour & Research, 2019, (23): 112-115.

[26] MOSEY S. Encouraging Technology Entrepreneurship for All[M]. Springer International Publishing, 2016.

[27] ETZKOWITZ H. The norms of entrepreneurial science: Cognitive effects of the new university-industry linkage [J]. Research Policy, 1998, 27(8): 823-833.

[28] MATTHEW S W. A process model of academic entrepreneurship[J]. Business Horizons, 2011(54): 153-161.

[29] ETZKOWITZ H. Entrepreneurial scientists and entrepreneurial universities in American[J]. Academic Science Minerva, 1983, 21(2/3): 198-233.

[30] LOUIS K S, BLUMENTHAL D, GLUCK M E, et al.Entrepreneurs in academe: An exploration of behaviors among life scientists[J]. Administrative Science Quarterly, 1989, 34(1):110-131.

[31] O'SHEA R, ALLEN T J, O'GORMAN C, et al. Universities and technology transfer: A review of academic entrepreneurship literature [J]. Irish Journal of Management, 2004, 25(2): 11-29.

[32] POWERS J, MCDOUGALL P. Policy orientation effects on performance with licensing to start - ups and small companies [J]. Research Policy, 2005, 34(7): 1028-1042.

[33] JAIN S, GEORGE G, MALTARICH M. Academics or entrepreneurs? Investigating role identity modification of university scientists involved in commercialization activity[J]. Research Policy, 2009, 38(6): 922-935.

[34] ABREU M, GRINEVICH V. The nature of academic entrepreneurship in the UK: Widening the focus on entrepreneurial activities[J]. Research Policy, 2013, 42(2): 408-422.

[35] Matthew S W. A process model of academic entrepreneurship[J]. Business Horizons, 2011(54): 153-161.

[36] WADHWANIR D, GALVEZ-BEHAR G, MERCELIS J, et al. Academic entrepreneurship and institutional change in historical perspective[J].

Management & Organizational History, 2017, 12 (3): 175-198.
[37] MARZOCCHIC, KITAGAWA F, SáNCHEZ-BARRIOLUENGO M. Evolving missions and university entrepreneurship: Academic spin-offs and graduate start-ups in the entrepreneurial society[J].The Journal of Technology Transfer, 2019, 44(1): 167-187.
[38] 尹西明，陈劲，李纪珍，等.科技自立自强视角下国内外学术创业研究进展与展望[J].信息与管理研究，2021，6(6)：40-58.
[39] 周炜.学术创业：研究综述与展望.[J].科研管理，2022，43(1)：14-21.
[40] BLUMENTAL D，GLUCK M，LOUIS K S，et al. University - industry research relationships in biotechnology：Implications for the university [J]. Science，1986，232(13)：1361-1366.
[41] 田晓丽，刘传利."高校院所-企业"专利转让许可匹配度与经济增长：基于省际面板数据的研究[J].科技与经济，2022，35(2)：96-100.
[42] BLUMENTAL D，GLUCK M，LOUIS K S，et al. University - industry research relationships in biotechnology：Implications for the university [J]. Science，1986，232(13)：1361-1366.
[43] 莱斯.精益创业：新创企业的成长思维[M].吴彤，译.北京：中信出版集团，2012：5.
[44] CLARYSSE B，WRIGHT M，LOCKETT A G，et al. Spinning out new ventures：A typology of incubation strategies from European research institutions[J]. Journal of Business Venturing，2005，20(2)：183-216.
[45] BROWN R. Mission impossible?Entrepreneurial universities and peripheral regional innovationsystems[J].Industry and Innovation，2016，23(2)：189-205.
[46] WRIGHT M. Academic entrepreneurship，technology transfer andsociety：where next[J]. Journal of Technology Transfer. 2014，39(3)：322-334.
[47] KLOFSTEN M，SCHEEL J. Academic entrepreneurship：University spinoffs and wealth creation[J].Social Science Electronic Publishing，2009，30(4)：494-496.
[48] 肖尤丹.中国科技成果转化制度体系：法律、政策及其实践[M].北京：

科学技术文献出版社，2017：14.
[49] 游振声.美国研究型大学学术创业模式研究[M].重庆：重庆大学出版社，2017.
[50] 陈劲.科技创新：中国未来30年强国之路[M].北京：中国大百科全书出版社，2020.
[51] MILLER K, MCADAM R, MCADAM M. A systematic literature review of university technologytransfer from a quadruple helix perspective：Toward a research agenda[J].R&D Management, 2018, 48(1): 7-24.
[52] ARROW K J. The economic implications of learning by doing[J]. The Review of Economic Studies, 1962, 29(3): 155-173.
[53] ROSENBERG N. Inside the black box：technology and economics[M]. Cambridge：Cambridge University Press, 1982：120-140.
[54] ALRAWADIEH Z，ALRAWADIEH Z. Exploring Entrepreneurship in the Sharing Accommodation Sector：Empirical Evidence from a Developing Country[J]. Tourism Management Perspectives，2018，28(3): 179-188.
[55] HOLBROOK D，COHEN W M，HOUNSHELL D A，et al. The nature sources and consequences of firm differences in the early history of the semiconductor industry[J]. Strategic Management Journal ，2000, 21(10/11)：1017-1041.
[56] BART C，VALENTINA T，AMMON S. The impact of entrepreneurial capacity，experience and organizational support on academic entrepreneurship [J]. Research Policy，2011, 40：1084-1093.
[57] SAMSOM K J，GURDON M A. University scientists as entrepreneurs：A special case of technology transfer and high - techventuring[J]. Technovation，1993，13(2)：63 - 71.
[58] 李纪珍，李晓华，陈聪，等.学术创业企业从 0 到 1 的成长[J].科研管理，2020，41(6)：139 - 148.
[59] DING W，CHOI E. Divergent paths to commercial science：A comparison of scientists′ founding and advising activities[J]. Research Policy，2011，40(1)：69-80.
[60] 姚飞，胡静，王国武，等.基于文献扎根分析的学术创业主体与动因研究

[J] 中国科技论坛，2014(9)：143-148.

[61] SANJAY J，GERARD G，MARK M. Academic or entrepreneurs?Investigating role identity modification of university scientists involved in commercialization activity[J]. Research Policy，2009，38：922-935.

[62] 黄攸立，薛婷，周宏. 学术创业背景下学者角色认同演变模式研究 [J]. 管理学报，2013，10(3)：438-443.

[63] LEVIN S G，STEPHAN P E. Research productivity over the life cycle：Evidence for academic scientists[J]. American Economic Review，1991，81(4)：114-132.

[64] ROACH M，SAUERMANN H. Founder or joiner? The role of preferences and context in shaping different entrepreneurial inter ests[J]. Management Science，2015，61(9)：2160-2184.

[65] AUDRETSCH D B. New perspectives on economic growth and technological innovation[J]. Journal of Economic Literature，2000，38(4)：981-982.

[66] BRYANT P T. Imprinting by design：The microfoundations of entrepreneurial adaptation[J]. Entrepreneurship Theory and Practice，2014，38(5)：1081-1102.

[67] MARQUIS C，TILCSIK A. Imprinting：Toward a multilevel theory[J]. Academy of Management Annals，2013，7 (1)：195-245.

[68] BERCOVITZ J，FELDMAN M. Academic entrepreneurs：Organizational change at the individual level[J]. Organization Science，2008，19(1)：69-89.

[69] HAHN D，MINOLA T，EDDLESTON K A. How do scientists contribute to the performance of innovative start-ups? An imprinting perspective on open innovation [J]. Journal of Management Studies，2019，56(5)：895-928.

[70] SPRINKLE T. Come together. Entrepreneur Magazine Retrieved. [DB/OL] [2010-5-27]. http：//www.entrepreneur.com/startingabusiness/%C2%ADstartupbasics/findinghelp/article160014.html.

[71] SIEGEL D S. Commercial knowledge transfers from universities to firms：improving the effectiveness of university-industry collaboration [J] .High

Technology Management Research, 2003, 14: 111-133

[72] 李华晶.学者、学术组织与环境：学术创业研究评析[J].科学学与科学技术管理，2009(2)：51-54.

[73] 林嵩，张帏，邱琼. 创业过程的研究评述及发展动向[J]. 南开管理评论，2004，7(3)：47-50.

[74] FRIEDMAN J，SILBERMAN J. University technology transfer：Do incentives，management，and location matter[J]. Journal of Technology Transfer，2003，28(1)：17-30.

[75] MATTHEW S W. A process model of academic entrepreneurship[J]. Business Horizons，2011(54)：153-161.

[76] 杨俊. 创业过程研究及其发展动态[J]. 外国经济与管理，2004，26(9)：8-12.

[77] GARTNER W B. A Conceptual Framework for Describing the Phenomenon of New Venture Creation[J].Academy of Management Review，1985，4(10)：695-705.

[78] KATZ J，GARTNER W. Properties of Emerging organization [J]. Academy of Management Review，1988，13(3)：429-442.

[79] GALBRAITH J. The Stage of Growth[J].Journal of Business Strartege，1982，3(1)：70-79.

[80] CHUCRHILL N C，LEWIS V L. The Five Stage of Small Business Growth[J]. Harward Business Review，1983，5：30-50.

[81] HOLT D H. Entrepreneurship：New Venture Creation[M].New Jersey：Prentice-Hall，1992.

[82] BHAVE M P. A Proeess Model of Entrepreneurial Venture Ceration[J]. Journal of Business venturing，1994，(9)：223-242.

[83] TIMMONS J A. New venture creation[M].Irwin McGraw-Hill，1999.

[84] GUCLU A J，DEES G，ANDERSON B. The process of social entrepreneurship：Creating opportunities worthy of serious pursuit [EB/OL]. http：//www.caseatduke.org/documents/seprocess.pdf. 2002.11.

[85] DEES G，EMERSON J，ECONOMY P. Strategic tools for social entrepreneurs：Enhancing the performance of your enterprising non-profit[M]. New York：John Wiley&Sons，2002.

[86] 叶明海，王吟吟，张玉臣．基于系统理论的创业过程模型[J].科研管理，2011，32(11)：123-130.
[87] ROBINSON J. Navigating social and institutional barriers to markets：How social entrepreneurs identify and evaluate opportunities[A]. Social entrepreneurship. New York：Palgrave Macmillan，2006.
[88] 边燕杰．网络脱生：创业过程的社会学分析[J]. 社会学研究，2006(6)：74-88.
[89] 黄永春，王祖丽，郑江淮．新兴产业企业家的人力资本、社会资本与企业的技术赶超[J]. 江苏社会科学，2014(5)：70-78.
[90] 李雯，夏清华．学术型企业家对大学衍生企业绩效的影响机理[J]．科学学研究，2012(2)：284-294.
[91] TIMMONS J A，SPINELI S. New venture creation：entrepreneurship for the 21st centery(6th)[M].Boston：Irwin McGraw-hill，2004.
[92] 夏清华，宋慧．基于内容分析法的国内外学者创业动机研究[J]. 管理学报，2011，8(8)：1190-1194.
a）FINI R，GRIMALDI R，SOBRERO M. Factors Fostering Academics to Start Up New Ventures：An Assessment of Italian Founders' Incentives[J]. Technology Transfer，2009，34(4)：380-402.
[93] SHANE S. Academic Entrepreneurship：University Spinoffs and Wealth Creation[M].Massachusetts：Edwar Elgar，2004.
[94] AUTIO E，KAURANEN I. Technologist-Entrepreneurs Versus Non-Entrepreneurial Technologists：Analysis of Motivational Triggering Factors[J]. Entrepreneurship Regional Development，2006，6(4)：315-328.
[95] Gualdrón M，Teresa S，Gracia A G. The Entrepreneurial Motivation in Academia：A Multidimensional Construct[J].International Entrepreneurship and Management Journal，2009，5(3)：301-317.
[96] 冯玲，陈林奋.我国高新技术成果商业化过程中新企业衍生的微观机制研究[J].科研管理，2001，22(3)：46-54.
[97] 叶伟巍，高树昱，王飞绒．创业领导力与科技创业绩效关系研究——基于浙江省的实证[J].科研管理，2012，33(8)：9-15.
[98] 姚飞，王大海.科研人员向创业者转型路径的双案例研究[J].科研管理，2011(12)：53-60.

[99] 姚飞.学者向创业者转型过程释意的多案例研究[J].南开管理评论，2013，16(1)：138-148.

[100] 蔡跃洲.科技成果转化的内涵边界与统计测度[J].科学学研究，2015，33(1)：38-45.

[101] ROBERTS YEB，MALONEDE.Policies and structures for spinning off new companies from research and development organizations[J].Working Paper，1995(3)：1-31.

[102] ANDERSON T R. Measuring the efficiency of university technology transfer[J]. Technovation，2007，27(5)：306.

[103] 董洁，黄付杰.中国科技成果转化效率及其影响因素研究——基于随机前沿函数的实证分析[J].软科学，2012，26(10)：15-20.

[104] 戚湧，朱婷婷，郭逸.科技成果市场转化模式与效率评价研究[J].中国软科学，2015(6)：184-192.

[105] 胡罡，章向宏，刘薇薇，等.地方研究院：高校科技成果转化模式新探索[J].研究与发展管理，2014，26(3)：122-128.

[106] 宋河发，李振兴.影响制约科技成果转化和知识产权运用的问题分析与对策研究[J].中国科学院院刊，2014，29(5)：548-556.

[107] 宋河发，吴博，吕磊.促进科技成果转化知识产权实施权制度研究[J].科学学研究，2016，34(9)：1319-1325.

[108] 赵哲.我国高校科技成果转化的现实困境与突破路径[J].高校教育管理，2016，10(5)：52-56.

[109] 戚湧，朱婷婷，郭逸.科技成果市场转化模式与效率评价研究[J].中国软科学，2015，(6)：184-192.

[110]《北京市促进科技成果转化条例释义》编委会.北京市促进科技成果转化条例释义[M].北京：中国法制出版社.2021：7.

[111] 张宇，麦晴峰，段琪.新一代科技企业孵化器战略联盟形成及运营机制研究[J].科技进步与对策，2015，32(06)：100-104.

[112] JONES E D. A typology of technology based entrepreneurs a model based on previous occupational background [J].International Journal of Entrepreneurial Behavior and Research，1995，1 (1)：26-47.

[113] ALDRICH H E. Using an Ecological Perspective to Study Organizational Founding Rates[J]. Entrepreneurship Theory and Practice，1990(7)：7-24.

[114] MOORE J F. Predators and prey: A new ecology of completion[J]. Harvard Business Review, 1993, 71(3): 75-86.

[115] DUNN K.The Entrepreneurship Ecosystem[J].Technology Review, 2005.

[116] ISENBERG D J. How to start an entrepreneurial revolution[J]. Harvard Business Review, 2010(88): 40-50.

[117] 刘林青，夏清华，周潞. 创业型大学的创业生态系统初探—以麻省理工学院为例[J]. 高等教育研究，2009，30(3)：19-26.

[118] SURESH J, RAMRAJ R. Entrepreneurial Ecosystem: Case Study on the Influence of Environmental Factors on Entrepreneurial Success[J]. European Journal of Business and Management, 2012, 4(16), 95-101.

[119] 杨勇，王志杰. 区域科技创业生态系统运行机制及政策仿真研究[J].科学学与科学技术管理，2014，35(12)：99-107.

[120] 赵强强，陈洪转，俞斌. 区域创新型科技人才系统结构演化模型研究[J].科学学与科学技术管理，2010，(3)：195-199.

[121] 周方涛. 区域科技创业人才生态系统构建及SEM分析[J]. 中国科技论坛，2012，(12)：86-90.

[122] 曾国屏，苟尤钊，刘磊.从“创新系统”到“创新生态系统”[J].科学学研究，2013，31(1)：4-12.

[123] 陈向明. 质的研究方法和社会科学研究[M]. 北京：教育科学出版社，2000.

[124] 费小东. 扎根理论研究方法论：要素、研究程序和评判标准[J]. 公共行政评论，2008(3)：23-43.

[125] 李柏洲，徐广玉，苏屹. 基于扎根理论的企业知识转移风险识别研究[J]. 科学学与科学技术管理，2014，35(4)：57-65.

[126] 张钢，彭学兵. 创业政策对科技创业影响的实证研究[J].科研管理，2009，29(3)：60-65.

[127] 埃兹科维茨. 麻省理工学院与创业科学院的兴起[M].王孙禺，袁本涛，译. 北京：清华大学出版社，200：45.

[128] WELTER F. The Environment for Female Entrepreneurship in Germany [J]. Journal of Small Business and Enterprise Development, 2004(11): 212-221.

[129] 易朝辉，孙宁. 学术型创业者动机：创业导向与大学衍生企业绩效研究

[J]. 研究与发展管理, 2012, 24(1): 93-102.
[130] 黄菁菁, 原毅军. 产学研合作研发中企业家精神的价值[J]. 科学学研究, 2014, 32(6): 902-908.
[131] 叶伟巍, 高树昱, 王飞绒. 创业领导力与科技创业绩效关系研究: 基于浙江省的实证[J]. 科研管理, 2012, 33(8): 9-15.
[132] 陈劲, 朱学彦. 学术型创业家与企业绩效关系研究[J]. 中国软科学, 2006(4): 124-129.
[133] SHANE S, LOCKEEA E A, COLLINS C J. Entrepreneurial motivation[J]. Human Resource Management Review, 2003, 13(2): 257-279.
[134] 苏郁锋, 吴能全, 周翔. 制度视角的创业过程模型——基于扎根理论的多案例研究[J]. 南开管理评论, 2017, 20(1): 181-192.
[135] GLASER B G, STRAUSS A L. The discovery of grounded theory: strategies for qualitative research[M]. New York: Aldine Publishing Company, 1967.
[136] KRUEGER N F. The Impact of prior entrepreneurial exposure on perceptions of new venture feasibility and desirability [J]. Entrepreneurship Theory and Practice, 1993, 18(1): 1042-2587.
[137] SHANE S, VENKATARAMAN S. The promise of entrepreneurship as a field of research [J]. Academy of Management Review, 2000, (1): 217-226.
[138] 杨俊, 张玉利. 基于企业家资源禀赋的创业行为过程分析[J]. 外国经济与管理, 2004, 26(2): 2-6.
[139] 张玉利, 杨俊, 任兵. 社会资本、先前经验与创业机会——一个交互效应模型及其启示[J]. 管理世界, 2008(7): 91-102.
[140] 周小虎, 姜凤, 陈莹. 企业家创业认知的积极情绪理论[J]. 中国工业经济, 2014, (8): 135-147.
[141] 陈劲, 朱学彦. 学术型创业家与企业绩效关系研究[J]. 中国软科学, 2006, (4): 124-129.
[142] 孙殿义. 院地合作: 践行科技与经济结合的有效途径——中国科学院院地合作的探索、实践与思考[J]. 中国科学院院刊, 2011, 26(6): 670-677.
[143] 于明鹏. 开启校地院合作共赢"3.0"版新模式[OB/OL]http: //www.

wfgx.gov.cn/gxmt/jrgx/20150128/a02011TB.html
[144] 张艺华. 创新院地合作模式的探讨——以南水北调中线渠首水源地林业生态示范区技术服务为例[J]. 林业资源管理，2014，(4)：151-155.
[145] 高鹏，李天鸣，孔倩，等. 院地合作模式分析及效果评价[J]. 现代管理科学，2013，(6)：17-19.
[146] 林晨. 深化“院地合作”机制创新研究：基于嘉兴实践的回顾与前瞻[J]. 现代商业，2017，(19)：76-78.
[147] 黄鑫，程文仕，乔蕻强，等.“院地合作”的应用人才培养机制构建与实现[J]. 中国现代教育装备，2015，(217)：51-54.
[148] 马丁，汉宁顿. 通用设计方法[M]. 初晓华，译. 北京：中央编译出版社，2013：18-19.
[149] 韩树杰. 创业地图：商业计划书与创业行动指南[M]. 北京：机械工业出版社华章分社，2020：8.
[150] ZHANG H，LU L，SUN F. Changing Role of Lifestyle in Tourism Entrepreneurship：Case Study of Naked Retreats Enterprise[J]. Tourism Management，2021，84(3)：104259.
[151] GLASSER B G，STRAUSS A L. The discovery of grounded theory：strategies for qualitative research [M]. New York：Aldine Publishing Company，1967.
[152] 张镒，刘人怀，陈海权. 商业生态系统中的平台领导力影响因素——基于扎根理论的探索性研究[J]. 南开管理评论，2020，23(3)：28-38.
[153] 熊文明，余维新，陈传明. 学术创业者角色重构过程研究——基于目标动力学理论视角的多案例分析[J]. 研究与发展管理，2021，33(05)：25-39.
[154] 布鲁克斯. 第二座山：为生命找到意义[M]. 刘军，译. 北京：中信出版社，2020.
[155] 易高峰，蔡柏良. 基于事件系统理论的高校教师学术创业能力提升研究——从失败到成功的连续创业者案例[J]. 大学教育科学，2021(02)：42-52.
[156] 赵亮，李妍. 供给侧改革视域下高校科研人员创新创业环境建设探析[J]. 科技与创新，2018(14)：1-2.
[157] 伍虹儒，官建成. 科研人员创新创业政策评价研究——以上海张江与

天津滨海为分析对象[J]. 技术经济与管理研究，2018(2)：42-47.
[158] CZARNITZKI D，DOHERR T，HUSSINGER K，et al. Knowledge Creates Markets：The influence of entrepreneurial support and patent rights on academic entrepreneurship[J]. European Economic Review，2016 (86)：131-146.
[159] GRIMALDI R，KENNEY M，SIEGEL D S，et al. 30 years after Bayh-Dole：Reassessing academic entrepreneurship[J]. Social Science Electronic Publishing，2011，40(8)：1045-1057.
[160] 赵筱媛，苏竣.基于政策工具的公共科技政策分析框架研究[J].科学学研究，2007 (1)：52-56.
[161] 顾建光，吴明华.公共政策工具论视角述论[J].科学学研究，2007(1) ：47- 51.
[162] 熊小刚.政策工具视角下中国“双创”政策内容分析及优化建议[J].软科学，2018，32(12)：19-23.
[163] 张辰琛.“大众创业、万众创新”政策的政府支持与实现路径[J].人民论坛，2016(2) ：45-47.
[164] 刘长江，李红联，张小丽.科研人员创新创业的政策、法规及制度环境研究[J].科学管理研究，2015，33(6)：97-100.
[165] 张明喜，魏世杰，朱欣乐. 科技金融：从概念到理论体系构建[J]. 中国软科学，2018，4：31-42.
[166] 段琪，麦晴峰，张宇.促进技术成果转化的政府基金模式创新——平衡基金[J].国际金融，
[167] 冯冰，杨敏利，郭立宏.政府引导基金投资对创业企业后续融资的影响机制研究[J]. 科研管理，2019，40(4)：112-124.
[168] 斯特罗斯，苏健译. YC创业营——硅谷顶级创业孵化器如何改变世界[M].杭州：浙江人民出版社，2014：8.
[169] 吴军.浪潮之巅[M].北京：人民邮电出版社.2019.
[170] 霍夫曼.穿越寒冬：创业者的融资策略与独角兽思维[M].北京：中信出版社，2020.
[171] 段琪，麦晴峰，汪波，等. 基于扎根理论的高校科技创业生态系统研究[J]. 科学学与科学技术管理，2015，36(11)：159-168.
[172] COLLINSON S，GREGSON G. Knowledge networks for new

technology–based firms: An international comparison of local entrepreneurship promotion[J]. R&D Management, 2003, 33(2): 189–208.

[173] 李华晶，张玉利，李永慧. 多彩的“第一桶金”：创业者伦理视角下创业机会选择路径研究[J]. 中国科技论坛，2014(7)：133-138.

[174] 蔡莉，单标安. 中国情境下的创业研究：回顾与展望[J]. 管理世界，2013，(12)：160-169.

[175] 安舜禹，蔡莉，单标安. 新企业创业导向、关系利用及绩效关系研究[J]. 科研管理，2014，35(3)：66-74.

[176] 斯特罗斯. YC创业营——硅谷顶级创业孵化器如何改变世界[M]. 苏健，译. 杭州：浙江人民出版社，2014.

[177] 彭学兵，张钢. 科技创业与技术创新研究[J]. 科技进步与对策，2010，27(3)：15-19.

[178] UCBASARAN D, LOCKETT A, WRIGHT M. Entrepreneurial Funder Teams: Factors Associated with Member Entry and Exit[J]. Entrepreneurship Theory and Practice, 2003(28): 107-128.

[179] TANG J, TANG Z, MARINO L, et al. Exploring an Inverted U-shape Relationship between Entrepreneurial Orientation and Performance in Chinese Ventures[J]. Entrepreneurship Theory and Practice, 2008, (32): 219-239.

[180] Cooper A C, Daily C M. Entrepreneurial Teams[M].New York: Free Press, 2000.

[181] FINKELSTEIN S, HAMBRICK D C. Top-management-team Tenure and Organization Outcomes: The Moderating Role of Management Discretion[J]. Administrative Science Quarterly, 1990, (35): 484-503.

[182] 胡望斌，张玉利，杨俊. 同质性还是异质性：创业导向对科技创业团队与新企业绩效关系的调节作用研究[J]. 管理世界，2014(6)：92-109.

[183] 牛芳，张玉利，杨俊. 创业团队异质性与新企业绩效：领导者乐观心理的调节作用[J]. 管理评论，2011，23(11)：110-118.

[184] PERKMANN M, TARTARI V, MC KELVEY M, et al. Academic engagement and commercialization: a review of the literature on university–industry relations [J]. Research Policy, 2013, 42(2): 423-442.

[185] 张呈念，谢志远，徐丹彤，等. 高校科技人员离岗创业的问题研究 [J]. 高等工程教育研究，2015(3)：44-48.

[186] 付强，王玲. 美国大学科研人才创业保障机制及其启示 [J]. 中国高教研究，2016(7)：85-90.